华北电力大学"双一流"学科建设经费资助

RESEARCH ON
REGULATION OF FOOD
SAFETY RISK IN CHINA

我国食品安全风险监管研究

基于多元共治视角

杜 波 李红枫 王逍静 ◎ 著

中国经济出版社
CHINA ECONOMIC PUBLISHING HOUSE

·北 京·

图书在版编目（CIP）数据

我国食品安全风险监管研究：基于多元共治视角 /
杜波，李红枫，王逍静著 . --北京：中国经济出版社，
2022.6

ISBN 978-7-5136-6903-0

Ⅰ . ①我… Ⅱ . ①杜… ②李… ③王… Ⅲ . ①食品安
全-风险管理-研究-中国 Ⅳ . ①TS201.6

中国版本图书馆 CIP 数据核字（2022）第 072701 号

组稿编辑　赵静宜
责任编辑　焦晓云
责任印制　马小宾
封面设计　任燕飞

出版发行　中国经济出版社
印 刷 者　北京建宏印刷有限公司
经 销 者　各地新华书店
开　　本　710mm×1000mm　1/16
印　　张　12.75
字　　数　165 千字
版　　次　2022 年 6 月第 1 版
印　　次　2022 年 6 月第 1 次
定　　价　88.00 元
广告经营许可证　京西工商广字第 8179 号

中国经济出版社 网址 www.economyph.com 社址 北京市东城区安定门外大街 58 号 邮编 100011
本版图书如存在印装质量问题，请与本社销售中心联系调换（联系电话：010-57512564）

序 言

　　食品安全问题是全世界共同面对的复杂问题。治理可以简单地理解为相关主体从事的治理活动。如果把治理看作一个系统，根据治理主体的不同，可将其分为国家治理、社会治理和政府治理。这三者在治理主体和治理方式等方面均有所不同。食品安全风险治理主要研究以下问题：如何协调社会治理与国家治理，使政府治理理论能够有效指导食品安全风险的防控；在食品安全风险社会治理中，如何促使政府与社会力量有效互动，提升社会力量在社会治理中的参与度；在食品安全风险监管中，如何保障消费者的生命健康和安全，有效规范生产经营者的行为，维护食品市场的秩序，建立完善的食品安全违法惩罚机制与消费者的信息沟通机制。由此可以看出，只采用三者中某一种治理方式，是无法有效地进行食品安全风险治理的。食品安全风险监管与食品安全风险社会共治不应是替代关系。国家治理、社会治理、政府治理三者之间在客观上存在交叉与融合。食品安全风险监管与食品安全风险社会共治可以统一在社会公共利益之下。多元共治食品安全风险监管是食品安全风险治理的一部分。

　　根据广义的监管的含义，监管的主体不限于政府监管部门，个人、组织都可以成为监管主体。我们可以简单地这样理解，以政府为主导的监管是政府监管，以消费者为主导的监管是消费者监管，以多元主体为主导的监管是多元主体的监管。

根据经济法原理，政府食品安全监管的本质是解决市场失灵问题。只要食品市场存在，就会有市场配置资源低效、市场不正当竞争、侵害消费者等情况存在。基于此，政府监管部门在食品安全风险治理中的主导地位是必然的，其他各主体起到配合和补充的作用。食品安全风险监管主体包括食品安全风险规制主体与规制受体。依照食品安全法律规范，食品安全风险监管主体包括政府食品安全监管部门、生产经营者、消费者、食品安全行业协会、检疫检验部门和新闻媒体。依据"利益多元"原理，多元主体可以形成食品安全治理协作。根据角色理论，在现代社会经济条件下，每一个社会主体的角色都是多元的，他们因自身所处社会关系的不同而扮演不同的角色、承担不同的责任。从食品安全风险治理实践来看，食品安全风险监管主体与食品安全风险社会共治主体是一致的。以政府监管部门为定位坐标，可以形成政府作为管理者和其他主体的食品安全风险监管关系，以及政府作为参与者和其他主体的食品安全风险共治关系，其实质是多元主体共治的食品安全风险监管关系。

从食品安全监管历史沿革可以看出，食品安全法律、法规及政府食品安全监管措施等都是依据我国食品安全状况制定的。食品安全市场准入制度、食品安全质量管理制度、食品安全标准体系、食品安全信息公开制度、食品安全信用管理制度等是食品安全风险监管的依据。在"互联网+"、共享经济等新业态下，食品安全风险呈现越来越不确定、越来越复杂的趋势，已有的监管政策及措施难以满足实际需要。因此，多元共治的食品安全监管创新必须在一定的原则指导下进行。

经济法主体形态的多样性决定了经济法责任形式的多样性。经济法责任突出对当事人违法行为的惩罚。经济法责任主要包括赔偿性责任、实际履行责任和惩罚性责任三种类型。它是食品安全风险监管部门"纠偏"的必要且重要手段。"软法"一般是共同体内所有成员自愿达成的契约、协议。罗兰比特认为，从功能的角度而言，软法因其灵活性、能有机地回应社会的目标和多元化推力而受到称赞。因此，"软法"可以看作食品安全风险监管的辅助手段。多元共治的食品安全监管需要"硬法"与"软法"配合使用。

多元主体参与是进行有效食品安全风险监管的基础。需要治理的大多数问题是人民群众关心的重要问题，自己解决自己最关注的社会问题，这种"自下而上"的方式容易调动多元主体参与的积极性，充分挖掘其所蕴藏的潜力，从而有助于解决社会问题。食品安全风险治理公众参与的范围主要有两层：一是食品安全风险治理公众参与主体参与立法活动；二是食品安全风险治理公众参与主体参与国家事务管理活动。多元主体参与的食品安全风险监管理应形成多元主体的互动，强调主体之间的多元联系，至少在两个主体之间建立双向联系。

食品安全风险共治主体是多元的，从某种意义上说，食品市场上最主要、最直接的主体是食品生产经营者和食品消费者。食品生产经营者是食品安全风险的制造者，食品消费者是食品安全风险的最终承受者。食品安全监管在相当程度上矫正了食品生产经营者的失范行为，然而，"在食品安全监管过程中，绝对监管权力的执行属于政府，但仅凭政府单方面的力量，难以摆脱由于监管权限模糊导致的公权力的滥用和行政效率低下的锁定状态"。不仅如此，食品安全监管还很难覆盖全部食品及食品的全部环节，监管的滞后性也影响了其保障食品安全的效果。政府食品安全监管部门对食品生产经营者行为的矫正并不意味着政府与生产者之间是对立的关系。食品生产经营者的自律，食品消费者安全自觉意识的增强，以及在政府监管部门参与下食品生产经营者与消费者及其他食品安全风险控制主体的协作，可以在相当程度上弥补食品安全风险监管本身存在的不足。食品安全这个复杂的社会问题，需要多方的参与，也需要采用多种方法来治理。社会共治能够在一定程度上对食品安全风险监管起到补充的作用。

本书是我们基于经济法学理论对我国食品安全监管问题的思考。本书能够顺利出版，在很大程度上得益于中国经济出版社赵静宜编辑和焦晓云编辑的耐心和鼓励，以及王逍静同学的技术支持，在此表示感谢。希望本书能够为中国食品安全法制建设添砖加瓦。

目 录

CONTENTS

第一章

基本理论：

多元主体的食品安全风险治理

第一节　多元主体对食品的认识

食物是世界上最重要的物质，而通常意义上的食品是人类维持生命活动、增强体质、保证成长发育所不可缺少的物质。《现代汉语词典》（第7版）对食物的解释为"可供食用的物质（多指自然生长的）"。"民以食为天"，人们在生活中不能没有食物。供人们食用或饮用是食品最主要的特征。《现代汉语词典》（第7版）对食品的解释是"用于出售的经过加工制作的食物"。不难看出，"食物"与"食品"是有差别的。在日常生活中，我们通常不大注意"食物"与"食品"的区别，经常将两个词语混用，不会为到超市购买"食品"还是采买"食物"而绞尽脑汁。基于此，本书不对"食物"与"食品"进行严格区分。

一、消费者对食品的认识

对于食品，消费者更关心的可能是"可供食用的物质"的营养和安全。食品是满足人类繁衍、社会发展需要的产品。食品中所含营养成分的消化吸收率和维持人体正常生理功能的作用是判断食品营养价值的重要指标。人们食用或者饮用各种食品是为了摄取各种营养物质，以满足自身的生理需要。因此，食品应具有营养价值。食品中所含营养成分只有被人体吸收了，才能起到维持人体正常生理功能的作用。当然，食品中所含营养物质能否转化为人体所需的物质，还取决于食品中各种营养成分能否被人体吸收。世界卫生组织对影响人类健康因素的评估结果表明,膳食因素(13%)对健康的作用仅次于遗传因素(15%),而大于医疗因素(8%)。随着生活水平的提高,人们越来越关注食品的营养价值。在市场上,有保健食品出售,但不能将保健食品等同于食品。国外有关学者从结构、功能、作用机理、生物利用率、安全性评价等方面对食品营养进行了广泛而深入的研究。在我国,由于人民生活水平的提高和饮食结构的改变,食品营养问题也有了不同的表现,由过去的营养不良向营养过剩和营养不均衡方向发展,营养不再表现为特定人群的特定问题。[①] 国家食物与营养咨询委员会就《中国食物与营养发展纲要(2014—2020 年)》(以下简称《纲要》)落实情况,分别到黑龙江、吉林、山东、安徽四省进行了抽样调查,有三种情况引起我们的高度警觉:一是慢性疾病趋重化。抽样调查结果显示:高血压、糖尿病等慢性病的患病率呈加速增长态势。1958—1959 年上述四省高血压患病率为5.11%,1979—1980 年为 7.73%,1991 年为 13.58%,2002 年为18.8%。2013 年,黑龙江省抽样调查结果显示,该省高血压患病率已达29.2%。[②] 众所周知,慢性病是影响健康、导致过早死亡的主要原因。世界银行的调查报告表明,中国每年死亡人数中80%是由慢性病所致。按现在慢性病的发展趋势预测,到2030 年,中国 40 岁以上患慢性病人数将增加 2~3 倍,其中患糖尿病人数将增加 4 倍。二是营养性疾病趋

---

① 我国《保健食品管理办法》第二条规定:"本办法所称保健食品系指表明具有特定保健功能的食品。即适宜于特定人群食用,具有调节机体功能,不以治疗疾病为目的的食品。"第二十一条规定:"保健食品标签和说明书必须符合国家有关标准和要求,并标明下列内容:(一)保健作用和适宜人群;(二)食用方法和适宜的食用量;(三)贮藏方法;(四)功效成分的名称及含量。因在现有技术条件下,不能明确功效成分的,则须标明与保健功能有关的原料名称;(五)保健食品批准文号;(六)保健食品标志;(七)有关标准或要求所规定的其它标签内容。"第二十二条规定:"保健食品的名称应当准确、科学,不得使用人名、地名、代号及夸大或容易误解的名称,不得使用产品中主要功效成分的名称。"第二十三条规定:"保健食品的标签、说明书和广告内容必须真实,符合其产品质量要求。不得有暗示可使疾病痊愈的宣传。"第二十四条规定:"严禁利用封建迷信进行保健食品的宣传。"第二十五条规定:"未经卫生部按本办法审查批准的食品,不得以保健食品名义进行宣传。"

② 万宝瑞. 食物营养与安全是民生的永恒主题 [J]. 求是, 2015 (7):34-36.

向年轻化。一方面，营养过剩或不合理的膳食结构会导致年轻人超重或肥胖，患上高血压、高血糖、血脂异常等慢性疾病的比重增加。据有关部门统计，我国青少年患糖尿病的比例为 1.9%，相当于美国同龄人（0.5%）的近 4 倍。在不满 17 岁的孩子中，有 1/3 出现了至少一种心血管疾病危险因素。另一方面，青少年营养摄入不足、营养不良的问题依然没有彻底解决，尤其是在农村地区。黑龙江省的调研结果显示，九成青少年学生对蔬菜、水果、鱼虾、乳品的摄入量不足。三是营养性疾病趋向多样化。营养性疾病主要是由营养过剩引起的。第四次全国营养调查结果显示，居民患高血压的比例为 18.8%，患高血脂的比例为 18.0%，患糖尿病的比例为 9.7%。营养过剩还会导致心血管疾病、脂肪肝、胰腺炎等脏器的器质性病变。相对而言，营养缺乏性疾病，如贫血、佝偻病、发育迟缓等发病率有所下降，但微量元素的缺乏较为普遍，尤其是钙和磷的摄入不足。① 近年来，随着网络技术的发展，网络订餐越来越普遍，人们对食品的营养及安全问题也越来越关注。

消费者往往通过感官评价和选择食品。消费者对食品的感官状态来源于其外观功能描述。由于食品的成分不同，人们对食品的果腹、营养、保健等功能的需求不同，因而不容易对食品的使用价值达成共识。消费者往往通过食品的形状、味道、色泽，即我们通常所说的"色、香、味"来了解食品，也因生活的背景相同而口味趋于一致。我们用视觉、听觉、嗅觉、触觉等来感受食品。这些感官状态与食品的质量有密切联系。例如，当食品的感官状态发生变化，如腐烂时，一定会影响食品的质量。因此，食品应具有良好的感官状态，这样才能保证质量。

食品添加剂是为了改善食品品质和色、香、味、形、营养价值，以及为保存和加工工艺的需要而加入食品中的化学合成或者天然的物质，

---

① 万宝瑞. 食物营养与安全是民生的永恒主题［J］. 求是，2015（7）：34-36.

可以改善食品的感官状态，满足消费者的需要。从某种意义上说，没有食品添加剂，就没有食品工业的发展。我国 2021 年修正的《中华人民共和国食品安全法》（简称《食品安全法》）第一百五十条规定："食品添加剂，指为改善食品品质和色、香、味以及为防腐、保险和加工工艺的需要而加入食品中的人工合成或天然物质，包括营养强化剂。"尽管《食品添加剂生产监督管理规定》已废止，但其对食品添加剂的规定可以供我们参考："食品添加剂是指经国务院卫生行政部门批准并以标准、公告等方式公布的可以作为改善食品品质和色、香、味以及为防腐、保鲜和加工工艺的需要而加入食品的人工合成或者天然物质。前款规定之外的其他物质，不得作为食品添加剂进行生产，不得作为食品添加剂实施生产许可。"

食品的重要性体现在其使用价值上，这就要求食品必须是对人体无害的，即具有安全性。安全性是对食品最基本的要求，也是食品的本质属性。食品安全性是指食物中不应含有可能损害或者威胁人体健康的有毒有害物质或者因素，包括直接的急性或者慢性毒害和传染病，以及对后代健康的潜在影响。

食品的安全性与食品带给人们的安全感是从主观和客观两个方面对食品安全进行的描述。这里所说的"安全性"与"安全感"是不同的。食品的安全性是客观存在的，可以通过科学手段进行检测；而安全感往往是主观的，是由人们的心理因素决定的，实际上是消费者对食品满意度的体现。例如，有媒体曾爆料，某商家出于销售考虑，在没有过保质期的面包上涂改日期，以延后保质期。虽然消费者购买的面包并未对人身健康构成危害，但商家的做法会使消费者对该商家销售的食品丧失"安全感"。食品的安全性与食品带给人们的安全感的关系如下：具有安全性的食品能够提升消费者对食品的安全感；消费者对食品缺乏安全感，会影响其对食品安全性的认识。人的价值观、经历、生活水平等会影响其对食品安全的感受。因此，倡导健康的生活方式、普及食品安全知识不仅有助于提升食品的安全性，也有助于提升消费者的安全感。

二、生产经营者对食品的认识

食品生产者是食品的制造者，通常将食品视为产品。食品是一种特殊的产品。《中华人民共和国产品质量法》（以下简称《产品质量法》）第二条规定："在中华人民共和国境内从事产品生产、销售活动，必须遵守本法。本法所称产品是指经过加工、制作，用于销售的产品。"从该规定中可以看出，非为销售而加工、制作的物品被排除在外，因此初级农产品和天然品不属于"产品"的范畴。①

食品是生产者在采购原料以后，按照食品工艺规范加工、制作而成的。食品更强调加工、制作。当然，原料的安全也不容忽视。农产品是食品安全的原料来源之一。《中华人民共和国农产品质量安全法》第二条规定："本法所称农产品，是指来源于农业的初级产品，即在农业活动中获得的植物、动物、微生物及其产品。"在不同的语境下，农产品的概念是不同的。《中国大百科全书·农业》对农产品的解释为："广义的农产品包括农作物、畜产品、水产品和林产品；狭义的农产品则仅指农作物和畜产品。"《经济大辞典·农业经济卷》将初级产品定义为："初级产业产出的未加工或只经初加工的农、林、牧、渔、矿等产品。其中有的直接用于消费，有的用作制造其他产品的原料。"初级产品有的是未经加工的原始形态的产品，有的是经过初步加工的产品。法律对农产品的界定是根据法律所调整的社会关系作出的解释，即从加强农产品质量安全监督管理的角度进行的界定。农业活动既包括种植、养殖、采摘、捕捞等传统的农业活动，也包括设施农业、生物工程等现代农业

---

① 张庆，刘宁，乔栋. 产品质量责任［M］. 北京：法律出版社，2005：3.

活动。植物、动物、微生物及其产品，通常是指在农业活动中直接获得的，以及经过分拣、去皮、剥壳、粉碎、清洗、切割、冷冻、打蜡、分级、包装等加工，但未改变其基本自然性状和化学性质的产品。农产品是食品的主要原料。原料安全，才能保障直接食用的农产品或者以农产品为原料加工、制作的食品的质量安全。农产品质量既包括涉及人体健康、安全的质量要求，也包括涉及产品营养成分、口感、色香味等非安全性的一般质量指标。因此，农产品质量中的安全性要求需要由法律规范、强制监管予以保障。

三、法律语境下的食品

食品是影响国计民生的重要产品，各国政府都十分重视对食品的监管。在西方，食品在法律语境下的含义往往采取正面概括与列举，附加负面排除的方式来表述。例如，美国《食品药品化妆品法》（随着 1997 年美国食品药品监督管理局现代化法案的修改，部分内容已被修改或更新）规定："食品是指供人或其他动物食用或饮用的物质；口香糖；用作上述物质组成部分的物质。"[1] 英国 1990 年的《食品安全法》规定："本法所称食品包括：饮料；用于人类消费的没有营养价值的物品或物质；口香糖，或者其他与口香糖性质或用途相类似产品；在制备食品或者食品原料时作为食品成分的物品或物质。但不包括：活着的不用于人类消费的动物、鸟类和鱼类；动物、鸟类和鱼类的饲料或食物；等等。"[2]《欧盟食品法》第一章第二条规定了食品的含义："根据本条例的目的，食品（食品原料）是指任何用以被人类吸收消化的加工、部分加工、未加工的物品或物质，包括饮料、口香糖、水或其他在制作、

---

[1] Federal Food, Drug, and Cosmetic Act, Portions Revised or New-As Amended by the FDA Modernization Act of 1997.

[2] Food Safety Act 1990.

准备、处理食品过程中有意加入的物质。食品不包括：饲料；置于市场上供人类消费以外的活的动物；收获前的植物；依照欧盟指令属于药品、化妆品、烟草和烟草制品的物质；依照联合国麻醉药品和精神药品会议决议属于麻醉或精神药品的物质；残留与污染物。"[1] 可见，法律对食品概念的界定比较严密，与一般字面含义比较接近，其优点是有助于法的适用。2021年修正的《食品安全法》第一百五十条规定："食品，指各种供人食用或者饮用的成品和原料以及按照传统既是食品又是中药材的物品，但是不包括以治疗为目的的物品。"

从多元主体对食品的认识可以归纳出食品具有以下四个特征：①安全；②具有一定的营养价值；③大多经过加工、制作；④具有良好的感官状态。

因生活背景、接受的教育及所处环境的不同，人们对食品的看法、认识不会完全一致。美国学者菲利普·费尔南德斯·阿莫斯图在《食物的历史》中谈道："一些人研究食物的营养学和疾病的关系，而对另一些不那么学究气的人而言，食物就是美味的代名词。经济历史学家将食物视为可以制造和交易的商品，所以他们对要送进嘴里的食物不感兴趣。社会历史学家认为食物是阶层区别和阶层关系演变的一个标志。文化历史学家关心的是食物滋养社会和个人的功能。政治历史学家则认为食物的分配和管理是权力的核心。环境历史学家人数虽少，但是影响力却在与日俱增。他们认为食物是各种存在的连接环节，是人类想要竭力控制的生态环境的组成部分。我们与自然环境最亲密的接触就发生在我们进食的时候。食物是愉悦的载体，也是灾难的先锋。"普通消费者更多的是出于生活需要而认识食品，食品生产经营者则出于获得食品的价值而认识食品，而国家管理部门对食品的界定主要出于对食品质量、食

---

[1] Regulation (EC) No 178/2002 of the European Parliament and of the Council of 28 January, 2002.

品安全的管理考虑。

四、对与食品相关概念的理解

（一）食品与产品、农产品

《中华人民共和国农产品质量安全法》指出："农产品，是指来源于农业的初级产品，即在农业活动中获得的植物、动物、微生物及其产品。"《食品安全法》第二条规定："供食用的源于农业的初级产品（以下称食用农产品）的质量安全管理，遵守《中华人民共和国农产品质量安全法》的规定。但是，食用农产品的市场销售、有关质量安全标准的制定、有关安全信息的公布和本法对农业投入品作出规定的，应当遵守本法的规定。"《产品质量法》第二条规定："本法所称产品是指经过加工、制作，用于销售的产品。"按照现行法律规定，农产品既不是《食品安全法》中的食品，也不是《产品质量法》中的产品。有学者认为，上述规定实际上不利于农药残留、兽药残留超标及重金属超标的食源性农产品危害问题的解决，建议将农产品在《食品安全法》中规定为食品。按照《食品安全法》的原则解决农产品问题，有利于保障食品安全。

（二）有机食品、绿色食品、无公害食品

以有机食品、绿色食品、无公害食品为例。有机食品是从英文organic food 直译过来的，其他语言中也有叫生态或生物食品的，是指采取有机的耕作和加工方式生产和加工的、符合国际或国家有机食品要求和标准，并通过国家认证机构认证的一切农副产品及其加工品，包括粮食、蔬菜、水果、奶制品、禽畜产品、蜂蜜、水产品、调料等。目前，国内市场销售的有机食品主要是蔬菜、大米、茶叶、蜂蜜等。[①] 绿色食

---

① 杨向黎. 有机食品、绿色食品、无公害食品的概念及对生产环境的要求 [J]. 山东农药信息，2008（5）：19.

品特指无污染、安全、优质、营养的食品。有机食品是最高档次的食品。绿色食品是中档食品。无污染是指在绿色食品生产、加工过程中，通过严密监测、控制，防范农药残留、放射性物质、重金属、有害细菌等对食品生产各个环节的污染，以确保绿色食品产品的洁净。[①] 绿色食品的概念是我国提出的。在我国，与环境保护有关的事物通常被冠以"绿色"，为了更加突出这类食品出自良好的生态环境，我们将其称为"绿色食品"。我国于 1990 年 5 月 5 日正式宣布开始发展绿色食品。无公害食品是指产地生态环境清洁，按照特定的技术操作规程生产，将有害物含量控制在规定标准内，并由授权部门审定批准，允许使用无公害标志的食品。[②] 2001 年，我国农业部提出"无公害食品行动计划"，并制定了相关国家标准，如《无公害农产品产地环境》《无公害产品安全要求》，以及具体到每种产品如黄瓜、小麦、水稻等的生产标准。

与普通食品相比，有机食品、绿色食品、无公害食品食用安全、无污染、品质高。消费者在生活水平提高的同时，对高品质的食品有共同的追求。一些消费者在关注食品安全的同时，也会关注有机食品、绿色食品、无公害食品的价格。有机食品的价格一般是普通食品价格的一倍甚至几倍，绿色食品的价格一般是普通食品价格的 1.1~1.2 倍，无公害农产品的价格略高于一般农产品的价格。

食品生产者往往关注有机食品、绿色食品、无公害食品的标准。就有机食品而言，不同国家、不同认证机构的标准不尽相同。有机食品的认证标准由国家认证认可监督管理委员会制定。绿色食品标准是中国绿色食品发展中心组织制定的统一标准，依据我国具体国情，其标准分为 A 级和 AA 级。无公害食品适应我国当前的农业生产发展水平和国内消

---

①　杨向黎. 有机食品、绿色食品、无公害食品的概念及对生产环境的要求 [J]. 山东农药信息，2008（5）：20.

②　杨向黎. 有机食品、绿色食品、无公害食品的概念及对生产环境的要求 [J]. 山东农药信息，2008（5）：20.

费者的需求，其标准要求不是很高，也许会成为多数生产者的选择。

政府食品安全监管部门对食品安全的关注反映在制定食品安全标准上，需要综合考虑食品安全标准是否与当前的国家经济发展水平相适应。无公害食品不会对人的身体造成任何危害，是对食品的最基本要求，人们食用的食品均应符合这种要求，但受到各种因素的影响，在现实中，有低于无公害食品安全标准的普通食品存在。

第二节　多元主体对食品安全的认识

一、关于食品安全的界定

（一）食品安全的定义

《食品安全法》第一百五十条规定："食品安全，指食品无毒、无害，符合应当有的营养要求，对人体健康不造成任何急性、亚急性或者慢性危害。"1996 年，世界卫生组织（WTO）在《加强国家级食品安全性指南》中明确规定，食品安全性是对食品按其用途进行制作或食用时不会使消费者受害的一种担保。

食品安全有两层含义：一是"量"的安全，即粮食安全（food security），一般指"食物的量，粮食的量"，即食物能不能解决吃得饱的问题。二是"质"的安全，即食品安全（food safety），指食品质量状况对食用者健康、安全的保证程度。根据心理学家马斯洛的需求层次理论，人们在解决了温饱问题之后，会追求更高层次的"质"的安全，并且会对各种不安全的因素日趋敏感，而且往往"喜旧厌新"，认为过去的就是安全的，未来的因其不确定性而不容易被接受。我国在基本解决食物量的安全即粮食安全以后，对食物质的安全越来越关注。联合国粮食及农业组织（Food and Agriculture Organization of the United Nations, FAO）提出判定生活发展阶段的一般标准：恩格尔系数在 60% 以上为贫困，恩格尔系数为 50%～60% 为温饱，恩格尔系数为 40%～50% 为小康，恩格尔系数在 40% 以下为富裕。在我国，逐渐解决了温饱问题以后，食品安全问题也从解决食品数量安全逐步转移到解决食品质量安全上来。

（二）与食品安全相关的概念

食品安全是一个相对的概念。食品的"绝对安全"是不存在的，只是人们的美好愿望。由于对世界认识的局限性，人们只能极力降低、避免食品的危害，或消除在现有技术条件下可以发现的有害因素。

食品安全是从科学角度作出的判断。专家所断言的食品"安全"，其实质是在当前科学技术水平下所能认识到的安全。越来越多的流行病学材料显示，人类的肿瘤以及某些重要疾病的发生、变化均与食品有关。这是因为，在食品加工、制作过程中添加的某些化学物质对人类的危害是潜在的或是在当时的技术条件下不能发现的，表现为对人类的影响是慢性的。在一定条件下，经权衡某种物质的利弊后，其摄入水平对某一类社会群体是可以接受的。简而言之，对个人来说，摄入这一剂量，只意味着相对安全。随着科技的飞速发展，不断涌现的新型食品的安全问题，以及判断食品安全的科技手段的提升对食品安全的影响是需要关注的问题。由此，可以说食品安全与科学技术的发展之间有密切的关系。

食品安全风险是指食品对公众健康产生不利影响的可能性和严重性。食品安全风险具有以下特点：

第一，食品安全风险具有广泛性、复杂性、相关性。张艳、李哲认为："从食品生产到消费的整个产业链来看，将食品安全质量的影响因素归纳为产地环境污染，生产过程污染，食品加工过程中运用新原料、添加剂、新工艺引发的污染，食品在运输、储存和销售环节可能产生的微生物污染等。食品产业链越长，包含的环节越多，安全风险产生的概率就越大。"① 当代社会的风险更多的是人类自身活动所制造的，"是人类在追求经济发展的进程当中，自己给自己制造的"②。与过去的风险主要来自自然界、是自然力量所制造的不同，食品安全风险无处不在，引起食品安全风险的因素也很多。食品安全风险具有广泛性、复杂性。在食品安全链上，食品安全各主体相互依赖，影响食品安全的因素也相互联系。因某一主体行为带来的食品安全风险，可能会殃及食品安全链上的其他主体。食品安全链上某一环节发生的食品安全风险，也会波及其他环节乃至整个食品安全链。食品安全风险是客观存在的。食品安全风险的不确定性主要与某一段时间人们对食品安全的关注、投入的治理力量不同、呈现的食品安全状态不确定有关。

第二，食品安全风险具有后果严重性。食品安全风险并不必然导致食品安全问题的产生。冀玮认为，在食品安全风险没有得到控制而对人们产生了实际威胁的现象、状态或情况时，就形成了食品安全问题。③ 从近年来频发的食品安全问题来看，食品安全风险造成的后果十分严重：使消费者对食品安全状况产生不满，给食品行业的发展带来不利影响，甚至损害了政府食品安全监管部门的公信力和权威性。④ 食品污染在消费者食用以前如果没有被消除，就会随食品进入人体，造成的危害是不可避免的，给人们带来的损失是不可估量的。有些污染具有潜伏性，需要经过很长的时间，危害才能显现出来。当然，有些危害在其显现时是当时的技术条件不能消除的，但危害发生后，要消除这些危害需要花费大量的人力、物力和财力是毋庸置疑的。《国家中长期科学和技术发展规划纲要（2006—2020 年）》在人口与健康领域科技发展思

---

① 张艳，李哲. 食品安全风险评价方法的研究进展 [J]. 质量探索，2013（6）：43-46.
② 徐显明. 风险社会中的法律变迁 [J]. 法制资讯，2010（6）：32-35.
③ 冀玮. 公共行政视角下的食品安全监管：风险与问题的辨析 [J]. 食品科学，2012（3）：313-317.
④ 杨柳. 我国食品安全责任保险研究 [J]. 山东社会科学，2012（6）：99-101.

路中明确提出，"疾病防治重心前移，坚持预防为主、促进健康和防治疾病结合"。调查显示，20 年来，职工工资提高了 10~20 倍，但医药费用上涨的幅度达到 100~200 倍。2001 年，全国卫生资源消耗 6140 亿元，占 GDP 的 6.4%；因病、伤残等造成的损失大约 7800 亿元，占 GDP 的 8.2%；两者合计近 14000 亿元，大约占 GDP 的 14.6%。高昂的医疗费用不仅使普通家庭无法承受，也给国家带来了巨大的经济负担。

第三，食品安全风险具有可管制性。虽然食品安全风险具有广泛性、复杂性、相关性、不确定性等特点，可能导致严重危害，但在一定范围、一定程度上，食品安全风险是可以管控的。食品安全风险管制有两层含义：一是通过技术手段管控食品安全风险。食品安全风险是一种客观存在，这种客观存在对食品安全的影响可以通过科学技术手段进行评估。"风险评估是风险分析的基础，指对特定条件下，当风险源暴露时将对人体健康和环境产生不良效果的事件发生可能性的评估。风险评估过程包括：危害识别、危害描述、暴露评估、风险描述。"[1] 二是通过政策法律手段控制食品安全风险。通过技术手段对食品安全风险进行评估，是制定食品安全风险管理相关政策、法律措施的依据。为了找到食品安全风险，"每样产品都逐个检查是不现实的"[2]，需要依据食品安全风险的特点研究制定控制食品安全风险的政策法律措施。我们主要对第二层含义进行探讨。

二、多元主体对食品安全的理解

一般来说，食品是否安全可以从以下三个方面考虑[3]：①食品的污

---

[1] 陈夏，李江华. 食品安全风险分析在农药残留标准制定中的应用探讨 [J]. 食品科学，2010（19）：430-434.

[2] 吕巍. 食品安全要靠社会共治：全国政协社法委征求食品安全法（修订草案送审稿）意见专题座谈会小记 [N]. 人民政协报，2013-10-30（1）.

[3] 杨国伟，夏红. 食品质量管理 [M]. 北京：化学工业出版社，2008：212.

染对人类的健康、安全带来的威胁。按食品污染的性质划分，有生物性污染、化学性污染、物理性污染；按食品污染的来源划分，有原料污染、加工过程污染、包装污染、运输和储存污染、销售污染；按食品污染发生情况划分，有一般性污染和意外性污染。②食品工业技术发展所带来的质量安全问题，主要体现在食品添加剂、食品生产配剂、辐照食品、转基因食品等方面。这些食品工业的新技术多数采用化工、生物和其他的生产技术。采用这些技术生产、加工出来的食品对人体有什么影响，需要一个认识过程，不断发展的新技术会不断暴露出新的食品质量安全问题。③滥用食品标识。食品标识是现代食品质量不可分割的重要组成部分。不同食品的特征及功能主要通过标识来展示。因此，食品标识对消费者选择食品的心理影响很大。一些不法的食品生产经营者时常会利用食品标识这一特性欺骗消费者，使消费者身心受到伤害。当前，我国食品标识的滥用问题比较严重，主要表现在以下几个方面：伪造食品标识，如伪造生产日期、冒用厂名厂址、冒用质量标志；缺少警示说明；虚假标注食品功能或成分，用虚夸的方法展示该食品本不具有的功能或成分；缺少中文食品标识，如进口食品和一些国产食品，会利用外文标识让消费者无法辨认。

对食品消费者来说，"民以食为天"。食品的重要性体现在能够满足人们生存的需要上。在温饱问题得到基本解决后，消费者的需求是吃到安全的食品，他们更关注食品的质量。研究表明，消费者可以通过食品质量特征掌握食品安全信息，进而对食品质量进行判断。从消费者对食品质量判断的角度来说，市场上的商品分为搜寻品（search goods）、经验品（experience goods）和信任品（credence goods）。食品质量的搜寻品特性主要是指消费者在消费之前就可以直接了解的外在特征（包括品牌、标签、包装、颜色、光泽、大小、形状、成熟度、新鲜程度等）；食品质量的经验品特性主要是指消费者在消费之后才能够了解的内在特征（如鲜嫩程度、香味、口感、味道和烹饪特征等）；食品质量的信任品特性主要是指即使消费之后消费者自己也没有能力了解的特征（如涉及食品安全的激素、抗生素、胆固醇、沙门氏菌和农药残留量，以及涉及营养与健康的营养成分含量和配合比例等）。① 对消费者来说，食品是搜寻品、经验品和信任品。消费者若要了解食品的质量，只有"亲口尝一尝"，也就是说，消费者往往在消费后才能对食品质量的安全水平作出判断。食品的食用性只能体现一次，所以食品可以称为经验品，甚至是"后经验"品。食品的这一特性要求食品具有安全性。食品一般是生产者在采购原料之后，按照食品工艺的规范加工、制作而成的，这就使得食品质量，尤其是内在质量，消费者很难通过肉眼来判断。食品原料品种多、来源广，其污染的程度因品种和来源不同而异。在采集、加工前期，食品原料表面往往带有很多微生物，尤其是原料表面破损之处，常有大量微生物聚集。一些食品的原料，在待加工时可能就被污染了。由于在产地早已污染了大量微生物，如果没有经过妥善处理，这些微生物是不会消失的，因而即使在运输、储藏过程中采取了卫生措施，也并不能避免之前的污染。为了防止因外部影响而使食品腐败变质，往往需要采取保鲜、保质措施，如添加剂、特殊包装等，而这些措施也有可能破坏食品的安全性。也就是说，食品的"信用品"属性是不容易被消费者感知或消费者根本感知不到的。

消费者通过了解相关的食品安全信息了解食品质量。社会分工使每个人、每个企业专门从事某一特定业务活动，消费者仅凭经验几乎无法对食品质量、食品安全水平作出评判。这样，消费者在食品安全信息的占有、使用中就处于弱势地位。

生产者以营利为目的，是市场主体，其生产的目的是实现交换，其

---

① 王秀清，孙云峰．我国食品市场质量信号问题［J］．中国农村经济，2002（5）：27-32．

最大的利益是实现食品的价值。在食品生产过程中，生产者具有掌握食品安全信息的优势。食品生产者对食品原料的性能、来源，制作、加工工艺、食品的保存方法等关系到食品质量的食品安全信息比较了解。一些生产者为了在食品交易市场上取得主动权，往往会利用掌握的信息优势，或者产生垄断某些真实信息的动机，有的生产经营者甚至会发出一些虚假的信息，误导交易的对方，以实现自身利益最大化，造成"食品安全信息不对称"。信息不对称是指有关交易的信息在参与经济活动的主体之间非对称分布，占有较多信息的一方在交易中处于优势，而占有较少信息的一方则处于劣势，这种情况也可称为"信息偏在"。① 食品安全信息不对称容易引发食品安全问题。但是，因此而得出生产者与消费者的利益是根本对立的这个结论是有失偏颇的。生产者生产的最终目的是实现食品的价值。产品质量是企业信誉的体现，是企业具有市场竞争力的保证。生产者要卖出产品，需要先了解消费者的需求，并根据消费者的需求进行生产，只有满足了消费者的某些需要，才能将产品的使用价值变成价值，使企业营利。因此，食品生产经营者与消费者之间的信息不对称问题并非无法解决。

从政府食品安全监管部门来说，政府食品安全监管的最终目的是保障食品安全。政府食品安全监管部门的最大利益不是经济利益，而是其合法性的最大化。个别生产者利用食品安全信息不对称，掩盖食品安全问题，侵犯消费者的权益，会引发公众对政府食品安全监管的质疑。因此，政府食品安全监管部门可以通过强制生产者向市场提供真实的、全面的信息，达到平衡食品安全信息不对称的目的。《产品质量法》第二十二条规定："消费者有权就产品质量问题，向产品的生产者、销售者查询；向市场监督管理部门及有关部门申诉，接受申诉的部门应当负

---

① 滕月．信息不对称与食品安全监管［J］．哈尔滨商业大学学报（社会科学版），2009（2）：17-19．

责处理。"政府食品安全监管部门还可以通过整治虚假广告的方式，对食品安全信息进行监管。2011 年，为强化社会监督，鼓励公众参与食品安全监管，国务院食品安全委员会办公室下发《关于建立食品安全有奖举报制度的指导意见》，要求各地建立食品安全有奖举报制度，及时发现食品安全违法犯罪活动，严厉惩处违法犯罪分子。通过对虚假信息、欺骗消费者行为给予严厉处罚的方式，可使消费者了解并掌握食品安全信息。

从某种意义上说，多元主体对食品安全的认识是通过食品安全信息完成的。食品安全是一个系统，围绕食品安全，多元主体形成了一个生态圈。在这个生态系统中，食品安全信息以媒体、网络、信息交换平台为载体在各主体间传递。在网络时代，食品安全信息的传递是多向的，既可以是消费者和消费者、生产者和消费者、中介组织和消费者、政府和消费者之间的互动，也可以是生产者和生产者、生产者和中介组织、生产者和政府之间的互动。媒体在食品安全信息传播者与需求者之间的互动中发挥着重要作用，维护着食品安全。

第三节　食品安全风险及其治理

一、对食品安全风险的再认识

食品安全风险是食品中的危害因子对健康产生不良作用和严重后果的概率函数。食品安全的危害因子主要有三类，即生物危害因子、化学危害因子和物理危害因子。[1] 其中，生物危害因子、化学危害因子的形成与人的行为有密切关系。

---

[1] 石阶平．食品安全风险评估［M］．北京：中国农业大学出版社，2010.

　　食品安全风险具有复杂性和广泛性，可分为人为因素导致的食品安全风险和非人为因素导致的食品安全风险。食品在"从农田到餐桌"的全过程都存在安全风险。江南大学食品安全风险治理研究院副研究员陈秀娟代表研究团队对 2017 年中国食品安全状况进行分析后认为，2017 年发生的食品安全事件主要集中于食品生产与加工环节，发生量占总量的 45.16%，其次分别发生在消费环节、流通环节和种植养殖环节。[①] 因此，食品安全风险治理应该涵盖食品生产环节、加工环节、流通环节和消费环节。

　　食品安全问题是由多种因素导致的：有人为因素，也有科学技术因素；有食品安全法律体系不健全，也有食品安全监管不力；有食品生产者、销售者的违法行为，也有食品消费者不当的饮食习惯。此外，还有食品宣传误导消费者造成的食品安全事件，食品安全信息不畅引起的食品安全问题，以及由食品安全标准多元引起的安全问题。

　　食品安全问题与食品安全风险并不是等号关系，二者具有以下逻辑关系：食品安全风险可能引发食品安全问题，但并不意味着所有的食品安全风险都会对社会造成严重损害，同时也不意味着我们对食品安全风险就束手无策；食品安全问题只有在对食品安全风险控制不好的情况下才会出现。基于此，有的放矢地控制可能转化为食品安全问题的那部分食品安全风险，既可以节约规制风险成本，又可以提高规制风险的效率。这也是研究食品安全风险管控的意义所在。

二、食品安全风险治理

　　治理是个人和机构管理其共同事务的诸多方式的总和。它有四个特征：①治理不是一整套规则，也不是一种活动，而是一个过程；②治理的目的

---

　　① 王子候.《中国食品安全发展报告（2018）》在京发布［EB/OL］. http：//society. people. com. cn/n1/2018/1225/c1008-30487284. html.

不是控制，而是协调；③治理既涉及公共部门，也涉及私人部门；④治理不是一种正式的制度，而是持续的互动。

"治理"（governance）的概念源自古典拉丁文或古希腊语"引领导航"（steering）一词，原意是控制、引导和操纵，指在特定范围内行使权威，隐含着一个政治进程，即在众多不同利益共同发挥作用的领域建立一致或取得认同，以便实施某项计划。①

食品安全风险治理是人类有目的的管控风险的活动。

第一，食品安全风险与人们的认知有关。不同主体站在不同的角度对食品安全这一未来结果的预测，与对引起食品安全的不确定因素的认识有关。此外，大规模侵权损害具有不可预测性，损害后果具有长期性和潜伏性②，这增加了人们认识食品安全风险的难度，使建立在已有基础上的知识、手段很难对风险作出全面而准确的判断。

第二，从主体的行为来看，在从食品生产到消费的整个产业链，食品安全风险一直存在：环境污染可能使食品的原材料受到污染；超剂量、超范围使用农药可能造成农药残留、重金属超标；在食品加工、制作环节违规使用添加剂、使用新原料、采用新生产工艺可能引发新的食品安全问题；在食品的运输、储存过程中，食品也有可能被污染。从食品安全链来看，食品安全各主体相互依赖、相互联系，影响食品安全的因素也密切相关。因某一主体行为所引发的食品安全风险，可能殃及食品安全链上的其他主体。在"从农田到餐桌"的食品安全链上，某一环节存在的食品安全风险，会波及其他环节乃至影响整个食品安全链，引发食品安全问题。"食品安全风险是生产出来的"，食品生产者的生产是食品安全风险的源头。

第三，食品安全风险在一定程度上可以由人来管控。尽管食品安全

---

① 俞可平．治理与善治［M］．北京：社会科学文献出版社，2000：16-17.

② 李敏．风险社会下的大规模侵权与责任保险的适用［J］．河北法学，2011（10）：9-16.

风险是一种客观存在，但人们完全可以通过各种技术、法律手段将其相对确定。食品安全风险管制包含两个层面的内容：第一个层面是运用技术手段对食品安全风险进行评价、判断，即食品安全风险评估。食品安全风险评估是对食品、食品添加剂中生物性、化学性和物理性危害对人体健康可能造成的不良影响所进行的科学评估。国际食品法典委员会将风险评估定义为一个以科学为依据的过程。第二个层面是在食品安全风险评估的基础上，运用法律、政策手段对食品安全风险进行管理与控制。控制食品安全风险的两个层面是相互联系的，风险评估是对食品安全风险发生的可能性和不确定性的评估，有关部门要依靠风险评估对食品安全风险进行管控。我们把人为因素导致的食品安全分为无良和无知两大类。"无良"即违法导致的食品安全风险，"无知"是指认识不足导致的食品安全风险。

对食品安全风险、食品安全问题的全面认识有助于我们作出科学的判断，找到管理、控制食品安全风险，维护食品安全的路径。

综上所述，我国食品安全风险治理主体是食品安全链上的所有主体。

第四节　食品安全风险监管

一、政府监管的经济法学基础

（一）关于政府监管的界定

根据《牛津高阶英汉双解词典》，regulation 一词的含义有：①管理、调校、校准、调节、控制（regulating or being regulated；control）；②规章、规则、法规、条例（rule or restriction made by an authority）。学者们对政府规制或政府管制、政府监管的界定都来源于学者对英文

"regulation"的翻译。监管是指按一定的规则、方法或模式进行调整，依一定的规则或限制进行指导，或受管理性原则或法律、法规的管辖。

日本学者植草益认为，政府规制指政府依据一定规则对构成特定经济的经济主体的活动进行限制和约束的行为。[①] 有的学者认为，政府规制是指在市场经济体制下，以矫正和改善市场机制内在的问题为目的，政府干预和干涉经济主体（特别是企业）活动的行为。也就是说，政府规制政策的实质包容了市场经济条件下政府几乎所有的旨在克服广义市场失败现象的法律制度及以法律为基础的对微观经济活动进行某种干预、限制或约束的行为。政府规制的目的是维护正常的市场经济秩序，提高资源配置效率，增进社会福利水平。[②] 有的学者认为，政府管制就是政府采取的干预行动。它通过修正或控制生产者或消费者的行为，来达到某个特定的目的。政府管制可以决定商品的价格，或对生产什么、生产多少产生影响。在一些特殊的情况下，政府管制甚至能够决定由谁来生产商品或提供劳务，以及如何来生产或提供它们。[③] 还有的学者认为，政府管制是具有法律地位的、相对独立的政府管制者（机构），依照一定的法规对被管制者（主要是企业）采取的一系列行政管理与监管行为。[④]

"规制"理论建立在经济模型、实证分析的基础上。一些学者从经济学的角度探讨政府监管。政府规制是西方经济学研究的一个热点领

---

① 植草益. 微观规制经济学 [M] 朱绍文，胡欣欣，等译. 北京：中国发展出版社，1992：1-24.

② 夏大慰，史东辉，等. 政府规制：理论、经验与中国的改革 [M]. 北京：经济科学出版社，2003.

③ 小贾尔斯·伯吉斯. 管制与反垄断经济学 [M]. 冯金华，译. 上海：上海财经大学出版社，2003：4.

④ 王俊豪. 政府管制经济学导论：基本理论及其在政府管制实践中的应用 [M]. 北京：商务印书馆，2001：导言.

域，被称为经济学"最激动人心的领域之一"。①

按照经济学理论，国家干预包括宏观调控和微观管制。微观管制包括经济性规制和社会性规制。在经济性规制中，各国通常采用政府规制和反垄断两种方法，如图1-1所示。

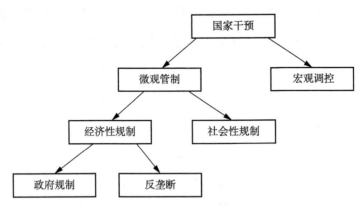

图1-1　经济学理论中的政府监管

（二）经济法学中政府监管的含义

"经济法是调整在国家协调本国经济运行过程中发生的经济关系的法律规范的总称。"② 一般认为，经济法的产生源于政府对"市场失灵"的补救，市场机制难以克服自身的缺陷，为政府对社会经济的干预提供了理由和依据。政府监管作为对市场经济活动的一种直接干预措施、一种通过政府介入来纠正市场失灵的手段被各国接受。在经济法学中，监管活动被理解为政府对市场失灵的调节和矫正，它实际上是运用外部资源去改善市场主体内部活动所导致的外部负效应的活动。"市场监管是对市场自发秩序的规制、纠正，是对市场秩序的第二次调整、自觉调整"，而"市场监管法的强制性体现的是国家公权力对市场主体私权力

---

① W. 吉帕·维斯库斯，约翰 M 弗农，小约瑟夫 E 哈林顿. 反垄断与管制经济学（第3版）[M]. 陈甫军，等译. 北京：机械工业出版社，2004.

② 杨紫烜. 经济法 [M]. 2版. 北京：北京大学出版社，2006：19-20.

的干预，是对市场自发秩序的规制"①。西方发达国家的市场规制的逻辑起点是比较完善的自由市场经济体制，如果"看不见的手"出了问题，导致市场失灵，政府就会伸出"看得见的手"进行监管、规制。当政府监管在市场资源配置中是低效甚至无效的，导致"政府失灵"时，政府会进行监管、规制改革，实行一定程度的放松监管、规制。这就是政府监管的循环路线图。经济法理论认为，解决两个失灵问题需要市场之手与政府之手双手并用，前提是在市场经济条件下，核心是适度干预。

在经济法学中，国家对经济的干预可以分为宏观调控和市场规制。宏观调控是指国家为维护社会整体利益，弥补"市场失灵"，实现社会总需求与社会总供给之间的平衡，引导国民经济持续、稳定、健康、适度地发展，而运用经济的、法律的和行政的手段对社会经济运行的总体调节与控制。市场规制是指政府试图改变资源配置的各种举措。政府监管虽然属微观市场规制范畴，但并不等于宏观调控与市场监管是截然分开的。国家在对国民经济进行宏观调控时，必然会考虑微观市场经济对宏观调控目标实现的影响，而政府对经济进行微观市场管理时，也必然会注意国家经济战略方针的变化。

在词源上，一般意义上的监管是指某主体为使某事物正常运转，基于规则对其进行的控制或者调节。② 监管有广义和狭义之分。广义的监管是指社会公共机构或私人以形成和维护市场秩序为目的，基于法律或社会规范对经济活动进行干预和控制的活动。狭义的监管是指依据法律法规干预和规范经济活动，从而矫正和改善市场机制的内在问题。本质上，狭义的监管是国家公权力对市场主体的限制，不包括被监管者的内

---

①　邱本. 论市场监管法的基本问题 [J]. 社会科学研究，2012（3）：70-76.
②　马英娟. 政府监管机构研究 [M]. 北京：北京大学出版社，2007：19-20.

部控制，监管主体也不包括行业自律组织和私人。① 狭义的监管也是一种利益分配，监管政策是通过消费者和企业同盟之间的互动过程来决定的，使得监管政策具有再分配的性质。

从监管的概念看，监管应当包括：①监管的主体。监管的主体是否包括社会组织和个人，广义和狭义的监管有不同的态度。②监管是有目的的活动，即以形成和维护市场秩序为目的。③监管的依据是法律或者社会规范，即监管是基于法律或者社会规范对经济活动进行干预和控制的活动。监管至少包括三大要素："第一，监管是对行为有意识地调整，这点区别于典型的市场秩序；第二，监管与经济活动有关，与资源分配有关，与市场的存在不矛盾，因为监管可以形成组织维护，或者是支持市场；第三，监管被制度化，但并不意味着制度必须是国家性质的，不一定需要正式的法律，非正式的规范同样重要。"②

二、食品安全风险监管的界定

（一）食品安全风险监管的含义

套用狭义监管的定义，食品安全风险监管是政府通过对市场的适度干预矫正食品市场失灵，通过外部力量和制度供给来预防风险、维护消费者合法权益的行为。食品安全风险监管主体有两类：一类是食品安全风险规制主体（以下简称"规制主体"）；另一类是食品安全风险规制受体（以下简称"规制受体"）。③ 政府食品安全监管部门是食品安全风险规制主体，生产经营者、消费者、食品安全行业协会、检疫检验部

① 保罗·萨缪尔森，威廉·诺德豪斯. 经济学 [M]. 17 版. 肖琛，译. 北京：人民邮电出版社，2004：279.

② MACGREGOR LAURA, PROSSER TONY, VILLIERS CHARLOTTE. Regulation and markets beyond 2000 [M]. Ashgate Publishing, 2000：348-349.

③ 张守文，于雷. 市场经济与新经济法 [M]. 北京：北京大学出版社，1993：118-119.

门和新闻媒体是规制受体。食品安全风险监管主体还可以分为监管政策的制定者和监管政策的执行者。食品安全风险监管是为维护消费者的权益、规范食品市场秩序而进行的有目的的活动。

（二）食品安全风险监管在经济法中的地位

在经济法中，食品安全风险监管是市场规制的主要内容，如图1-2所示。

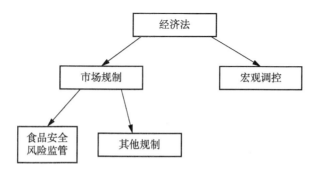

图1-2　经济法学理论中食品安全监管的位置

研究食品安全监管，需要合理借鉴经济法学中政府（监管）规制的理论。食品安全风险法律规范既应当体现国家运用法律措施、法律手段对食品市场的微观管理，也应当包括国家对国民经济发展的宏观调控。国家为维护社会整体利益，实现社会总需求与社会总供给之间的平衡，引导国民经济持续、稳定、健康、适度地发展，而运用经济的、法律的和行政的手段对社会经济运行进行总体调节与控制，即宏观调控。市场规制即政府试图改变资源配置的各种举措，以弥补"市场失灵"。国家对国民经济进行宏观调控时，必然会考虑微观经济对宏观调控目标实现的影响，而政府对市场进行微观管理时，也必然关注国家经济战略方针。食品安全风险监管是运用法律的手段纠正食品市场主体在利益的驱使下所产生的偏离我国社会经济发展战略、目标的市场行为。

我国在社会主义市场经济建设初期，与其他发展中国家一样，食品安全问题侧重表现为市场经济发育不成熟所引发的问题，如假冒伪劣、有毒有害食品的非法生产经营等。① 2009 年以来，在党中央、国务院的领导下，各级政府对食品安全犯罪进行了专项治理。随着相关法律规范和政策的实施，食品制假造假、有毒有害食品引发的食品安全问题得到有效遏制。从食品安全的发展趋势来看，食品安全犯罪不可能消失，但它已不是当前突出的食品安全问题了。② 随着移动互联网时代的到来，电子商务、互联网平台的广泛应用，网络订餐现象越来越普遍。作为一种新型的服务模式，网络订餐与传统的餐饮服务相比，具有"足不出户"享受美食、价格实惠、减少奔波时间的优势，受到消费者的追捧，特别是在新冠肺炎疫情防控时期，有更多的消费者选择网购食品。随之而来的是与传统食品安全不一样的网络餐饮食品安全问题。

运用经济法理论对我国食品安全监管进行界定的理由有以下三个：①食品不安全损害的是社会公共利益，符合经济法调整对象的性质，理应由国家从社会整体利益出发对食品生产、经营活动进行有效调整；②食品安全保障、对食品安全的监管与经济法的理念、基本原则、调整方法和法律责任等一致；③食品安全监管法律制度是国家宏观调控法与市场监管法的有机结合，将食品监管法律制度纳入经济法调整体系，有利于弥补其他法律部门及其调整方法难以有效解决的现代市场经济运行中存在的市场缺陷。

---

① 王兆华，雷家. 主要发达国家食品安全监管体系研究 [J]. 中国软件科学，2004
（7）：19-24.

② 杜波. 我国食品安全教育法律制度研究 [M]. 北京：中国政法大学出版社，2013：
10-11.

第五节 "人人参与、人人负责、人人享有"的食品安全社会共治

一、新时代中国特色社会主义社会治理

社会治理理论产生于西方。从字面上看，社会治理由"社会"和"治理"组成，即由治理主体与治理活动两部分组成。有的学者将社会治理界定为"政府及其他社会主体，为实现社会的良性运转而采取的一系列管理方法和手段，从而在社会稳定的基础上保障公民权利，实现公共利益的最大化。"① 社会治理的本质是政府公共权力与社会组织、公民权利之间的协调平衡与良性互动。② 在中国，社会共治理论在政治学领域被广泛研究。中国的社会共治实践显现出从追求"治理局面"到多种"治理手段"的运用，从多元主体的"共同参与"到"以政府管制为基础，同时结合社会力量的共同治理"③ 的特点。

从学者对社会治理体系的研究来看，大部分学者对治理主体多元化问题达成了共识。目前，主要有两个问题还没有解决，会影响新时代中国特色社会主义社会治理的建设：一是现行社会管理体制还有待完善，"党委领导、政府负责、社会协同、公共参与"的社会管理格局尚未形成。④ 二是社会力量参与社会治理存在参与方式单一、参与意识薄弱、

---

① 周晓丽，党秀云．西方国家的社会治理：机制、理念及其启示 [J]．南京社会科学，2013（10）：75-81．
② 王刚，贺海峰，创新社会治理中的政府与社会互动关系研究 [J]．学术界，2017（2）：75-85．
③ 刘振宇．"社会共治"的中国言说 [J]．北方法学，2018（1）：15-24．
④ 李盛梅．党的十八大以来我国社会治理研究综述 [J]．中共乐山市委党校学报，2016（1）：82-84．

专业化程度较低等问题。①

　　研究社会共治的意义实际上是要解决政府、社会与市场的有效衔接和良性互动问题。如何使社会治理与国家治理、政府治理有效配合，如何界定政府在社会治理中的地位，如何处理政府与社会的有效互动，如何提升社会力量在社会治理中的参与度，依据何种原则搭建"党委领导、政府负责、社会协同、公共参与、法治保障"的社会管理体系，是新时代中国特色社会主义社会治理体系需要解决的主要问题。

　　新时代中国特色社会主义社会治理是一个由理念到制度化、法治化的建设过程，体现"以人为本"的理念，打造"共建共治共享"的社会治理格局，以让老百姓提升获得感、幸福感、安全感作为社会治理目标。新时代中国特色社会主义社会治理具有以下三个特点：

　　第一，是一种创新的社会治理，其创新突出表现在理念方面，是"共建、共享、共赢"理念的制度化、法治化。社会治理是治理不可分割的一部分，与国家治理、政府治理有着密切联系。从某种意义上说，国家治理、政府治理、社会治理是不同的治理主体针对不同的问题采取的不同手段。社会治理更多的是一种强调多元主体参与的管理方式。

　　第二，体现"共赢"。"共赢"思维在处理双边和多边关系时，在相互信任的基础上，通过各方相互理解、相互支持、协同一致，使双方或多方的利益分配趋于合理。

　　社会治理更多地表现为众多社会主体共同解决社会主体关心的社会问题。为解决共同的社会问题，多元主体应协同一致。协商可以作为政府和社会协同治理社会公共事务的方式，以及社会治理主体协调一致行为的基础，通过协调各方利益，可以降低信息不对称带来的分配不均。在平衡各方利益时，应强调共赢，以公众利益为出发点，而不是从个体

---

① 宋莹. 社会力量参与基层社会治理的影响因素分析：基于共建共享的视角 [J]. 现代交际, 2019 (1)：225-226.

利益出发。新时代中国特色社会主义治理在解决社会问题时，以实现和维护群体权利为核心，在多元主体根本利益一致的前提下，发挥多元治理主体的作用。共治的结果体现为共赢——使全体治理主体均享有治理成果。

第三，符合客观规律。中国特色社会主义社会治理是基于中国国情，在中国共产党领导下，以政府为主导，吸收融合社会组织（社会团体、民办非企业单位、基金会以及村民委员会、社区居民委员会等）、公民等多元主体参与互动，对公共事务实施合作治理的行为和过程，反映了社会治理的内在要求。

在"互联网+"时代，中国特色社会主义社会治理应体现时代的特色，顺应社会治理对象多元化、社会治理环境复杂化、社会治理内容多样化的需求，利用大数据+智能化网络服务平台，有效洞察民生问题，提供有效解决方案。

在治理手段上，新时代中国特色社会主义社会治理应当综合运用"四化"手段进行创新。党的十九大报告中提出，要"加强社会治理制度建设，完善党委领导、政府负责、社会协同、公众参与、法治保障的社会治理体制，提高社会治理的社会化、法治化、智能化、专业化水平"①，以"社会化、法治化、智能化、专业化"的"四化"手段完善社会治理。

新时代中国特色社会主义社会治理与国家治理、政府治理的关系：它们都是治理，"是各种公共的或私人的个人和机构管理其共同事务的诸多方式的总和"②，只是侧重点不同。社会治理的核心是公众参与，强调在社会治理中明确政府在公众参与中的地位，加强政府与社会的有

① 习近平. 决胜全面建成小康社会 夺取新时代中国特色社会主义伟大胜利：在中国共产党第十九次全国代表大会上的报告［EB/OL］.（2017-10-27）［2019-02-12］. http//www.xinhuanet.com/politics/2017-10/27/c_1121867529.htm/.

② 联合国全球治理委员会. 我们的全球伙伴关系［M］. 香港：牛津大学出版社，1995.

效互动，提升社会力量的参与度。

二、食品安全风险社会共治

食品安全问题是全世界共同关心和面临的问题。对食品安全风险的管控关乎每个人、每个团体、每个国家。人们往往依据自己的专业背景，从生物学、卫生检疫学、经济学、管理学、社会学、心理学、政治学、法学等方面提出解决方案。

中国的食品安全风险社会治理，是一个由理念到制度构建的过程。所谓理念，是指人们对某种理想的目标模式及其实现途径和方式的一种信仰、期待和追求。它包括对理想目标的憧憬和通过某种途径和方式实现理想目标的信念两层含义。[①] 食品安全社会共治的实践以 2013 年主题为"社会共治　同心携手维护食品安全"的全国食品安全宣传周为标志。在这次活动中，"食品安全社会共治"作为一种理念被正式提出，并引起社会各界的广泛关注。《食品安全法》第三条规定："食品安全工作实行预防为主、风险管理、全程控制、社会共治，建立科学、严格的监督管理制度。"理念只有依托制度，才有可能变为现实。正如德国思想家韦伯所指出的："表达理想固然重要，但更重要的是如何去实现这一理想。"食品安全社会共治法律制度的目标能否实现，一方面取决于制度的提供者是否提供了满足实践需要的制度安排，另一方面取决于受到制度影响的行为能否达到制度的预期。目前，学者们对食品安全社会共治的研究关注前者的比较多。制度的构建与制度的实效这两方面都与食品安全共治的主体有密切关系。制度具有约束、影响主体行为的作用，受到制度约束的主体的行为也会对制度的预期产生影响。按照"制度—主体—主体的行为"及"主体的行为—制度"的逻辑，可以形成

①　漆多俊. 经济法基础理论［M］. 3 版. 武汉：武汉大学出版社，2000：158-166.

一个良好的循环系统。通过具体行为能力的设置来界定经济法主体的法律技术具有高度的合理性和有效性。食品安全社会共治离不开对主体的研究，我们应关注具体经济法律关系中主体之间的分层与交错，具体的法律主体类型只有"嵌"在"主体—行为"框架之中，才能获得法律上的意义和空间。①

从词的组成来看，食品安全社会共治由"食品安全"和"社会共治"两部分构成。"食品安全"是指食品安全问题，而"社会共治"是指解决食品安全问题的方法。食品安全"共治"，是指不同的群体在平等基础上的合作，包括各种形式的联合、网络化，以及公私伙伴关系和公私合营机构。② 在某种意义上，社会治理可以简单地理解为围绕出现的社会问题而采取的一系列管理方法与手段。食品安全风险社会治理强调的是一种多方位的管理手段，即"针对某一特定问题，由立法执法主体管理、自我管理以及其他利益攸关方参与管理"。Garcia Martinez 等将社会共治的概念扩展到食品安全监管领域进行研究。新时代中国特色食品安全风险社会治理是一种"人人参与、人人负责、人人享有"的社会共治。

（一）人人参与

"人人参与"即公众参与，是指食品安全链上的各个主体均积极参与到食品安全风险控制中去。"人人参与"的食品安全社会共治制度应当包括以下内容：

公众指食品安全链上的各个主体。要顺应食品安全风险管控的需要，参与的主体应当不断扩大，即要改变政府作为单一食品安全监管者的状况，吸引更广泛的社会力量，如非政府组织、消费者、消费者协

① 凯尔森. 纯粹法学［M］. 刘燕谷，译. 香港：中国文化出版社，1934：22.
② 王名，刘国翰. 增量共治：以创新促变革的杭州经验考察［J］. 社会科学战线，2015（5）：190-201.

会、企业、行业协会等共同参与食品安全治理，形成强大的治理合力，由单一主体变为"人人参与"的多元主体。在食品安全风险治理中，各参与主体没有主次之分，参与就是要把治理活动的旁观者变成主角。

公众参与的目标是实现食品安全信息在各主体间的畅通。一般认为，食品安全信息是判断食品安全风险的依据，是人们控制食品安全风险的指南。

公众参与的事项包括规制食品安全风险相关的风险评估、风险管理、风险交流食品安全信息。

公众参与的方式是指使食品安全信息有效交流的方式。在中国，需要改变食品安全风险"自上而下"、被动的监管方式，将社会治理理论引入食品安全风险监管，构建"自下而上"的、主动的、引导多元主体合作共赢的协同运作机制。

在食品安全风险社会治理中，公众参与食品安全风险治理的程度取决于人们对食品安全风险的认识，以及人们对治理的共同追求。换句话说，人们对食品安全风险的认识是参与治理的前提，食品安全信息的需求与供给影响着政府与社会力量互动模式的构建：增强公众的健康素质是消费者信息需求的最终目的，应强化"食品生产经营者作为食品安全第一责任人"，及时公布与食品安全生产相关的信息，明确"食品经营者的食品安全义务，构筑食品安全的第一道防线"。[①] 政府食品安全监管部门要改变监管模式。"单一政府监管模式是产生食品安全风险的体制障碍，从单一的政府监管模式走向社会共治模式，是我国食品安全监管模式改革的必然选择。"[②] 行业协会应采取措施"推动行业协会和龙

---

① 赵学刚，赵成松. 食品经营者安全义务的历史嬗变与我国相关立法完善 [J]. 西南民族大学学报（人文社会科学版），2012（4）：84-88.

② 邓刚宏. 构建食品安全社会共治模式的法治逻辑与路径 [J]. 南京社会科学，2015（2）：97-102.

头企业发挥行业自律和企业主体责任，共同促进食品安全社会共治机制建设"。① 发挥民间第三方评估机构的作用，使其成为"公众获得信息的另一个渠道，有助于社会公众对食品安全问题作出理性的判断"。② 构建互动模式的目的是通过互动协调利益关系，降低食品安全信息不对称带来的分配不均等问题。社会治理的本质是政府公共权力与社会组织、公民权利之间的平衡与良性互动。③ 公众参与有助于实现政府与食品安全链上其他主体的有效互动。

"构建食品药品安全社会共治格局是新时期构建和谐社会的重大战略举措。"④ 我国长期以来的食品安全监管体制强调政府的统治权威，而忽视公民参与，已经不能满足食品安全治理的要求，导致管理效率低下。⑤ "多方主体参与、多种要素发挥作用的食品安全综合治理机制"⑥，回应了管理控制食品安全风险的呼求。

在公众参与的食品安全风险社会治理中，有以下问题有待进一步研究：

第一，食品安全风险社会治理的多元主体是否包括政府。

第二，人们的认识影响着对食品安全风险的判断和控制。受认识的局限，人们对食品安全风险不确定性因素的认识不完全相同。一方面，不同的主体站在不同的角度对食品安全风险这一未来结果的预测不完全

---

① 张卫. 发挥行业协会和龙头企业作用 积极推进社会共治机制建设［J］. 中国食品，2014（9）：43.
② 徐协. 试论食品安全的社会共治［J］. 江南论坛，2014（9）：30-32.
③ 王刚，贺海峰. 创新社会治理中的政府与社会互动关系研究［J］. 学术界，2017（2）. 75~85.
④ 薛保岚. 关于构建食品药品社会共治格局的思考［J］. 中国食品药品监管，2013（11）：33-34.
⑤ 陈彦丽. 食品安全社会共治机制研究［J］. 学术交流，2014（9）：122-126.
⑥ 孟祥生. 社会共治 同心携手维护食品安全［J］. 经营与管理，2013（9）：12-13.

一致。例如，中国公众对食品安全状况的总体评价较低。[①] 相关部门公布的数据表明，食品安全风险形势总体乐观。公众与政府食品安全监管部门对食品安全的认识形成极大反差。另一方面，食品安全风险的潜伏性增加了人们对食品安全风险认识的难度，使建立在已有基础上的知识、手段很难对食品安全风险作出全面的、准确的判断。对于公众交流、共享的食品安全信息，要根据主体对食品安全风险的不同认识，提供不同的防范信息。食品安全信息以谁的标准提供、提供的程度如何等，即提供食品安全信息的广度与深度，有待深入研究。

（二）人人负责

"人人负责"是指食品安全链上的各个主体对各自的食品安全风险负责。食品安全各主体对各自的行为负责，对行为的结果负责，对整个食品安全负责。

世界上没有绝对的食品安全，食品安全风险治理的结果也不可能达到"零风险"，但食品安全风险是可控的。在中国，食品安全风险社会治理体现在两个层面：一是强调全体，即全体社会治理参与主体的共治，"食品安全是事关民生福祉、事关和谐稳定的重大问题，需要社会各方面同心携手、共同治理"。[②] "人人负责"中的"负责"是指综合责任。二是各个主体运用各自手段的自治。依据行为人，以及行为人行为方式、性质的不同，区分行为人的行为及其应当承担的责任十分必要。只有食品安全各参与主体均承担自己应当承担的责任、负责控制自己那部分风险，才有可能与其他主体一起解决共同面对的社会问题，这

[①] 2011 年，《小康》杂志社针对社会治安、食品安全等 11 项安全问题以"你最担心什么"做了一次调查。结果显示，食品安全以 72% 的比例，超过社会治安和医疗安全，高居"最担心"的首位。老百姓感叹："还有什么是可以吃的?!"

[②] 乌兰察夫. 社会共治 同心携手维护食品安全：2013 年全国食品安全宣传周活动综述 [J]. 中国食品药品监管，2013（7）：10-20.

也符合亚当·斯密所说的"当我们每个人都追求自身利益的时候，就会有一只看不见的手，在无形当中推动公共利益"。"人人负责"的"责任"应当是包括道德责任、政治责任、法律责任的综合责任。食品安全社会共治法律责任应突出经济法责任的复合性、社会性、不对等性等特点，强化全社会对食品安全的认知和教育，形成政府监管、生产者自律和消费者觉醒的共同责任体系。①

具体来说，"人人负责"包括以下内容：

第一，食品安全风险社会治理需要制度化、法治化。国外的食品安全治理实践充分证明，法律手段是解决食品安全问题最有效的方法。调整和规范众多主体的多元利益关系是食品安全社会共治法律制度的难点。从宏观上，可以通过"协调社会关系、规范社会行为、化解社会矛盾和广泛深入的宣传工作，加强食品安全社会管治法律制度建设"。②

第二，运用法治的思维指导食品安全社会共治制度的构建，"需要在法律规则中兼顾不同主体的利益，明确各个主体的权利与义务、职责与法律责任"③。食品安全社会共治法律制度是通过利益、权力、责任的公平合理配置建构的法律体系。在食品安全社会共治中，应该"保障消费者的监督权、举证权，以及知情权"。④

对食品生产经营者，应通过规定其责任实现食品安全第一责任人的主体责任。对食品安全监管部门，主要通过在法律上赋予其相应职责的方式，创新监管方式，建立覆盖"从农田到餐桌"全过程的最严格的科学监管制度，引导各主体共同维护食品安全。对食品安全检测检验机

---

① 赵翠萍. 食品安全治理进程中的共同责任：监管、自律与觉醒 [J]. 农村经济，2012 (8)：16-19.

② 戴辉. 加快建设食品药品安全社会共治格局 [J]. 中国食品药品监管；2013 (8)：28-29.

③ 胡锦光. 以法治思维规范食品安全治理 [N]. 中国食品报；2013-11-14 (A02).

④ 祝乃娟. 完善食品安全社会共治不仅要靠峻法，更要支持民众监督 [N]. 21 世纪经济报道，2014-05-19 (7).

构，通过对其权利、义务的规定，发挥其对食品安全风险的技术监督作用。对新闻媒体，赋予其舆论引导、监督的责任。食品安全社会共治法律制度"保证人民依法享有广泛的权利和自由、承担应尽的义务"。

清晰界定多元主体间的职责边界，可使政府与社会有效互动。在社会治理过程中，各个主体在明确的职责下进行协作。需要强调的是，在食品安全风险社会共治中，协作所依靠的是合作网络的权威，而不是某一主体的权威。要明确政府是经济发展和社会运行的调控者和参与者，政府权力的行使是实现民生和发展目标的重要路径。

食品安全社会共治法律制度的有效实施，与各个主体落实各自责任密切相关。"人人负责"实际上是解决食品安全问题的方法。中国的食品安全社会共治仍然处于初级阶段，在用法律手段调整和规范众多主体的多元利益关系时，采取何种调整方法才能达到实效还有待深入研究。

（三）人人享有

"人人享有"是指人人享有食品安全，这不仅是食品安全社会共治法律制度的目标，也应是食品安全社会共治法律制度的成果。

首先，在法律制度中，"人人享有"是指各个主体依法享有获得、使用食品安全信息的权利。食品的重要性体现在能够满足人们生存的需要上。保证食品对人体无害是对食品最基本的要求，是食品的本质属性，也是消费者最关注的利益。消费者若要了解食品质量，就需要相关的食品安全信息。在食品生产中，生产者掌握着食品的安全信息。尽管如此，生产者与消费者的利益并不是根本对立的。为了实现食品安全价值，生产者会按照消费者的需要公开食品安全信息，便于消费者判断食品的质量在何种程度上是可接受的。政府食品安全监管的最终目的是保障食品安全，获得人们的信赖与支持。因此，政府需要掌握、管理食品安全信息，以实现食品安全信息在各个主体间的畅通。

其次，"人人享有"是指享有良好的食品安全形势、食品安全状态、食品安全水平。食品安全社会共治制度的目标是维护食品安全。这个目标又包括近期目标和终极目标。食品安全问题在不同阶段的表现形式不同。近期目标是指通过食品安全社会共治的施行，解决当前中国社会存在的突出的食品安全问题，如网络食品安全问题，使食品安全链上各个主体的相关权利得以实现。终极目标是预防食品安全问题的发生，使全社会成员均能享有食品安全的成果。

最后，"人人享有"还指一种共赢的状态。社会治理可以说是一种以人为本的治理方式。① 在社会治理中，多元主体的利益各不相同，追求的目标也不同，导致众多利己、逐利行为相互排斥，从而引发问题。"共赢"思维在处理双方和多方关系时，在相互信任的基础上，通过各方相互理解、相互支持、协同一致，使双方或多方的利益分配趋于合理。在食品安全风险社会治理中，参与主体的根本利益一致，为各个主体协作一致、共同参与社会治理提供了可能。治理的好坏归根结底要转化成百姓的满意度和幸福感。只有各主体都能获得利益，他们才会积极参与。食品安全社会治理的目标不是追求某一主体的利益最大化，而是追求全体社会治理参与主体共同享有治理的成果，即"共赢"。因此，"共赢"不仅是社会治理制度构建的指导思想、原则，而且是衡量社会治理制度效果的主要指标。

综上，"人人参与、人人负责、人人享有"的食品安全社会共治制度是在社会治理理论指导下，众多食品安全主体综合运用多种方式积极参与食品安全风险管理与控制，通过合理分配主体的权利与义务，协调众多食品安全主体的多元利益，明确食品安全各主体的责任，在食品安全链上的各个主体间建立互动机制、约束机制，以预防、解决食品安全信息不对称问题，最终实现各主体共享食品安全风险治理成果的制度。

---

① 向德平，苏海."社会治理"的理论内涵和实践路径［J］. 新疆师范大学学报（哲学社会科学版），2014，35（6）：19-25.

该制度以食品安全信息作为联系各主体的纽带，以法律责任为保障，依靠公众参与，基于社会共治的理念构建企业自律、政府监管、社会协同、公众参与、法治保障的食品药品安全工作新格局。[①] 使全体人民在食品安全社会共治法律制度的共建共享中有更多获得感，实现人民生活水平和生活质量的普遍提高，是建立与完善食品安全社会共治制度的意义所在。

第六节　多元共治的食品安全风险监管

一、多元共治的食品安全风险监管概述

如果把治理当成一个系统，可以简单地将其理解为相关主体从事的治理活动。根据治理主体的不同，可将其分为国家治理、社会治理和政府治理。国家治理、社会治理和政府治理作为 21 世纪初在中国学术界出现并兴起的学术概念，其定义呈现出多样性的特点，迄今还没有形成普遍认同。[②] 学者们的研究更多侧重于国家治理、社会治理、政府治理三者之间的区别。

食品安全风险监管与食品安全风险社会共治都是食品安全风险治理，两者的不同主要体现在治理主体和治理方法上。

在按治理主体和治理方法划分的治理活动中，食品安全风险监管是政府监管的重要内容。在政府监管中，食品安全风险监管是市场规制活动的重要内容。对食品安全的监管只是政府管理社会的一个具体方面，除此之外，政府还需要对社会治安等其他问题进行行政管理。因此，政

---

① 汪洋. 食品药品安全重在监管 [J]. 求是，2013（16）：3-6.
② 王浦劬. 国家治理、政府治理和社会治理的含义及其相互关系 [J]. 国家行政学院学报，2014（3）：11-17.

府在食品安全监管中的职能定位必然受制于政府职能的总体定位。政府监管部门从保证食品安全、保障公众身体健康和生命安全出发，采取纠正食品生产经营者偏离食品市场健康发展轨道的行为、引导市场主体顺应食品市场健康发展要求等措施进行监管。监管（规制）的主体单一，即政府监管部门。监管的对象是市场主体。监管的手段是强制与引导。

在按治理主体和治理方法划分的治理活动中，食品安全风险社会共治是社会治理的重要内容。社会共治的主体是多元的，某一社会问题的治理者也是社会共治的主体，治理方式主要是公众参与。在具体的治理活动中，食品安全风险监管与食品安全风险社会共治的区别十分明显。

尽管在治理主体与治理方法上，国家治理、政府治理、社会治理有所不同，但这三者的联系十分紧密，并不是独立存在的。在解决涉及公共利益的食品安全问题时，食品安全风险监管与食品安全风险社会共治可以统一在公共利益之下。

食品安全风险治理是在治理的角度下进行的探讨，即在研究食品安全风险的基础上，探讨如何用社会治理、国家治理、政府治理相关理论有效指导中国食品安全风险的防控，如何实现政府与社会力量的有效互动，如何提高社会力量在社会治理中的参与度。在食品安全风险监管中，应重点研究如何保障消费者的生命健康安全，有效规制生产经营者的行为，维护食品市场的秩序，以及如何协调食品安全违法犯罪的惩罚机制与消费者的信息沟通机制等问题。

我们认为，在食品安全风险治理中，食品安全风险监管与食品安全风险社会治理不是替代关系，它们之间是交叉融合的关系。多元共治食品安全风险监管是食品安全风险治理的一部分。

二、多元共治的食品安全风险监管的研究范围

根据监管的定义，监管的主体不限于政府监管部门，个人、组织都

可以成为监管主体。我们可以将以政府为主导的监管称为政府监管，以消费者为主导的监管称为消费者监管，以多元主体为主导的监管称为多元主体的监管。

多元主体的食品安全风险监管是食品安全风险治理的重要内容，由两个系统组成：一是以政府为主导，对无良导致的食品安全风险的规制；二是以多元主体为主导，对消费者权益保护的多元食品安全风险的监管。这两个系统是统一体——目的是防范食品安全风险，保护消费者权益。

这两个系统的关系体现在以下几个方面：

从监管目标来看，政府进行食品安全风险监管的目标是保护消费者的生命健康权。多元主体监管的目标也是保护消费者的权益。两者的目标是一致的。

从监管主体来看，在政府监管中，政府监管部门是管理者，在系统中处于主导地位；在多元主体监管中，政府以参与者的身份参与监管，与多元主体的地位是平等的。

从监管手段来看，在政府监管中，政府监管部门以规制手段为主进行食品安全监管，体现为手段的强制性和措施的严厉性，以引导手段为辅。有人评价我国现行的食品安全风险监管手段单一，这是不全面的，或者说是不准确的。事实上，在《食品安全法》中，政府监管部门对消费者的食品安全教育就是一种引导措施。在实践中，政府监管部门对食品生产经营者信用评价的"红名单"制度也是一种引导措施。在多元主体监管中，政府监管部门的监管手段表现为协作，缺少法律的强制性。

在政府监管中，政府监管部门运用强制"纠偏"手段和引导手段对生产经营者进行处罚，同时采取措施引导生产者通过生产安全的食品维护消费者的利益，实现对食品市场秩序的调整。在多元主体的监管中，各方通过协作建立联系，运用"柔性"的方法实现对消费者生命健康权的维护。违法行为的惩罚机制从另一面实现了对消费者合法利益的保护。两个系统共同为维护食品消费者权益而运转。多元主体共同进行食品安全风险监管还可以形成对政府监管部门的监督，符合党的十九大报告提出的"加强对权力运行的制约和监督，让人民监督权力，让权力在阳光下运行，把权力关进制度的笼子"的思想。在解决市场失灵的同时，也要防止政府失灵。

第二章

食品安全风险治理的多元主体

第一节　经济法主体理论

一、经济法主体的概念

杨紫烜老师在《论经济法主体的概念和体系》一文中指出："经济法主体即经济法律关系主体，是指根据经济法的规定发生的权利和义务关系的参加者。简言之，经济法主体是指经济法律关系的参加者。"①

二、经济法主体的"二元结构"说与"三元结构"说

经济法主流观点认为，在"政府—市场"社会框架下，经济法主体应包括传统的公法主体（政府）和传统的私法主体（市场主体），即经济法主体的二元结构。按照市场监管法主体类型的不同，可将作为组织体的市场监管主体划分为政府监管主体和政府经济监管部门监管主体，将市场监管受体划分为组织体和个人。

行业协会能够有效促进政府和市场的良性互动。随着行业协会等社会团体在政府和市场互动框架下的地位和作用日益突出，一些学者对经济法主体又提出了三元结构理论，即将经济法主体归为市场、社会、国

---

① 杨紫烜. 论经济法主体的概念和体系 [J]. 经济法研究，2014（1）：3-12.

家。其中，有代表性的学者如王全兴和单飞跃分别提出了"政府—社会中间层—市场"的经济法三元结构框架理论，从而打破了传统意义上的"政府—市场"二元格局，完成了"政府—团体社会（市场中介组织）—市场"三元结构的嬗变。

市场中介组织是指依法设立，在国家机关与市场主体之间以及市场主体相互之间从事经济运行的中间服务事业的自治性社会组织。行业性中介组织属于市场中介组织，是指由同一行业或者具有同一特性的成员组成，并以促进行业或者该集合群体的公共利益为目的的非营利性中介组织，包括行业协会、商会、同业公会、专业（职业）协会等。实际上，各类行业性中介组织与行业协会的基本功能和特征是相同的，故也可简称为行业组织。

由于我国尚未出台对行业协会进行管理的专门法律，对行业协会的界定可以参照《广东省行业协会条例》第三条的规定："行业协会是指从事相同性质经济活动的经济组织，为维护共同的合法经济利益而自愿组织的非营利性社会团体。"也有学者认为："行业协会是相同或相近行业单位组成的行业团体，用以维护共同利益，确定各种产业标准，交换经营策略等。"①

三、识别主体的依据

经济法理论认为，任何法的主体都是根据法的规定发生的权利和义务关系（法律上的权利和义务关系）的参加者，不是根据法的规定发生的权利和义务关系（不是法律上的权利和义务关系）的参加者都不是法的主体。法律关系不同，决定了主体不同。

---

① 侯伟娣. 论行业协会的法律地位［J］. 企业导报，2013（13）：180-181.

　　经济法主体的权利和义务的概念有广义和狭义之分：广义的经济法主体的权利和义务既包括国家协调受体的权利和义务，也包括国家协调主体的职权和职责。狭义的经济法主体的权利和义务，仅指国家协调受体的权利和义务。狭义的经济法主体的权利即国家协调受体的权利，是指依照经济法的规定，国家协调受体具有自己作为或不作为和要求他人作为或不作为的资格。狭义的经济法主体的义务即国家协调受体的义务，是指依照经济法的规定，国家协调受体必须作为或不作为的责任。

　　经济法调制主体拥有的"职权"，不仅指法律关系主体具有从事这种行为的资格或能力，也意味他必须从事这一行为，否则就称为失职或违法。① 职权和职责的实际含义一般是相同的，但不能将两者完全等同起来，狭义的经济法主体的权利和义务具有不平等性。

　　有人认为，对法律主体的判断应当按照"法律给主体定位的科学方法，将主体置于其所在的社会关系系统中，从其所参与的各种社会关系中多方面把握其地位"②。有人依据角色理论认为，经济法主体就是一种角色主体，具体来说，某一主体成为经济法主体，仅意味着该主体参与了经济法律关系，并不是指该主体本身为经济法所独有。经济法主体只是该主体因从事经济法意义上的特定行为而呈现的一种角色而已。③ 我们通过以下两种方式判断经济法主体资格是否存在：一是认定某主体是否具备享有经济法权利、承担经济法义务的资格；二是在资格确认的基础上，判断某主体是否从事了经济法中的行为，从而成为现实的经济法主体。

---

① 沈宗灵. 法理学 [M]. 北京：北京大学出版社，2003：73.
② 王全兴. 经济法基础理论专题研究 [M]. 北京：中国检察出版社，2002：533.
③ 焦海涛. 经济法主体制度重构：一个常识主义视角 [J]. 现代法学，2016 (3)：71-82.

第二节　食品安全风险治理主体

一、确定食品安全风险治理主体的依据

法是约束人们行为的规范和准则，人们的行为是由主体实施的。法律主体的专属性理论认为，法律主体与部门法之间具有对应关系，独立的法律部门必然有独特的法律主体。在食品安全风险治理实践中，大量存在的是一个主体可能参与多种法律关系，在不同的法律关系中享有不同的权利和义务，从而成为不同部门法的主体。因此，我们可以从角色角度来界定食品安全风险治理主体的含义及类型。食品安全风险治理主体由此被分为管理主体与被管理主体两类。每类主体的身份，均应根据其从事的法律行为的属性来具体识别。

《食品安全法》《食品安全法实施条例》《"十三五"国家食品安全规划》，以及国务院年度食品安全重点工作安排等对食品安全风险治理主体进行了规定。

在《食品安全法》中，食品安全风险治理主体既包括政府监管部门、食品生产经营者，也包括食品行业协会、消费者协会、其他消费者组织、新闻媒体，还包括风险评估专家委员会、技术机构和食品检测机构。

《食品安全法实施条例》、《"十三五"国家食品安全规划》、国务院年度食品安全重点工作安排等确定了政府监管、企业自律、公众参与和社会协同"四位一体"的食品安全社会共治格局，对公众进行了分类细化，包括一般消费者和学校、医院等特殊公众群体。由此，食品安全风险治理主体包含政府监管部门、食品生产经营者、行业协会、消费者协会、消费者组织、单个的和群体的消费者、新闻媒体、食品检验机

构、食品安全风险监测评估机构等。

二、食品安全风险监管主体与食品安全风险社会共治主体

（一）食品安全风险监管主体

在食品安全风险监管中，食品安全风险监管主体即食品安全风险规制主体与规制受体。依照食品安全相关法律规范，食品安全风险监管主体包括政府食品安全监管部门、生产经营者、消费者、食品安全行业协会、检疫检验部门和新闻媒体。

在食品安全风险监管主体中，需要进一步区分政策法律制定规范主体与政策法律规范执行主体，加强部门监管的协同协作。改革开放以来，我国的食品安全监管体制经历了七次改革，基本上每五年为一个周期，目前正在推进第八次改革。虽然监管体制在探索中逐步优化，但分段监管导致的权力分割问题并没有得到很好的解决，食品监管权、责在各部门间的划分仍不够明晰，从而导致监管职能缺位、越位、交叉和重叠等现象时有发生。习近平总书记指出："能不能做到依法治国，关键在于党能不能坚持依法执政，各级政府能不能坚持依法行政。"法治国家是法治建设的目标，法治政府是建设法治国家的主体，法治社会是构筑法治国家的基础。推进依法行政是推进全面依法治国的关键环节。推进依法行政、建设法治政府主要依靠行政法律制度的不断完善和有效实施。食品安全风险监管是主体为了实现目标依法采取的措施，是实现宏伟蓝图的重要组成部分。因此，对食品安全风险监管主体的职能进行研究十分重要。

近年来，行业协会在我国日渐发展壮大，实力不断增强，作用和影响也日益显现。据统计，截至 2012 年底，中国依法登记的社会团体中行业协会达 7 万余个，其中，全国性行业协会 600 余个。行业协会具有

民间性、非营利性、自律性，是介于政府与企业之间的一种社会组织。民间性又称非政府性。行业协会不是政府部门，与国家机关不存在隶属关系，其运行也不受制于政府。当然，行业协会的非政府性并不排斥其可以接受政府委托而承担某些经济方面带有社会管理特征的职能。① 非营利性是指行业协会并非企业，成立的目的是维护行业整体利益而非追求自身利益的最大化。自律性又称自治性，是行业协会最显著的法律特征之一。行业协会的成员通过契约让渡自身部分权利，使得行业协会拥有了自治权。② 行业协会成员按照平等自愿、协商一致原则制定组织章程，作为其开展业务的基本准则。章程一方面是全体会员共同遵守的行为准则，另一方面是对成员行为进行规范、监督与管理的有效依据。行业协会拥有一定的管理权：一方面，基于经济法的二次"社会契约"的缔结理论，一些行业协会能够协调成员间的经济活动纠纷、制止成员采用不正当竞争手段的行为，最终起到协助政府干预市场、维护行业市场公平竞争和秩序稳定的作用。另一方面，行业协会肩负着促进政府与企业有效沟通的职责。作为行业的利益代表，行业协会代表成员企业对政府的经济和产业政策提出合理建议，把从政府获得的可能影响整个行业发展的最新信息提供给各成员，同时对政府的不当市场干预行为进行一定的制衡。经济法的核心是通过法律制度来调控自由竞争和市场秩序。通过组织内的民主协商，制定组织章程、行业规则和标准等"软法"性规范，行业协会可以较为柔和地化解行业内的利益纠纷。这种"内生自觉的社会规则反映了民间自律管理的要求，代表了多元利益和权利的自觉平衡，展现了自由和法治秩序的和谐统一"③。行业协会作为社会中间层，是政府与企业之间的纽带与桥梁。

---

① 孙翠雯. 行业协会立法的若干问题 [J]. 理论前沿，2004 (21)：36-37.
② 汪莉，解露露. 行业协会自治权之程序规制 [J]. 行政法学研究，2013 (2)：9-14.
③ 马长山. 全球社团革命与当代法治秩序变革 [J]. 法学研究，2003 (4)：133.

食品安全风险监管主体如图 2-1 所示。

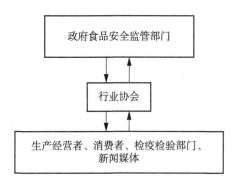

图 2-1　食品安全风险监管主体

（二）食品安全风险社会共治主体

从字面上看，政府食品安全监管部门不应包含在食品安全风险社会共治中，因为政府部门不在"公众"之列；而从食品安全风险治理的角度看，政府食品安全监管部门是食品安全风险社会共治的"主要力量"，已经被国际食品安全风险治理的实践所证明。根据角色理论，在现代社会经济条件下，每一个社会主体的角色都是多元的，他们因所处社会关系不同而扮演不同的社会角色，并承担相应的责任。[①] 因此，政府监管部门可以成为也应当成为社会共治的主体。这是因为：第一，保障人民群众的生命健康权利不受侵犯、维护社会秩序和政治稳定是政府的重要责任。[②] 从食品安全风险的特点看，政府的食品安全监管得到了全世界的普遍认同。第二，解决市场失灵带来的信息不对称、信任危机、不正当竞争等问题是政府监管的本质。在食品市场上，一旦爆发安全问题，市场并不能通过自身调节和资源配置解决问题，需要依靠政府的强制力来纠偏。因此，食品安全风险社会共治主

---

① 张守文. 经济法的理论重构 [M]. 北京：人民出版社，2004：347-350.

② 马琳. 食品安全规制现实困境与趋向 [J] 中国行政管理，2015 (10)：135-139.

体应该包括政府监管部门，政府监管部门与社会共治主体是平等的关系。

从食品安全风险治理实践来看，食品安全风险监管主体与食品安全风险社会共治主体的目标是一致的。

根据角色理论，在食品安全风险监管中，政府更多地被定位为管理者。在食品安全风险社会共治中，政府监管部门更多地被定位为参与者。在食品安全风险监管中，生产经营者、消费者、食品安全行业协会、检疫检验部门和新闻媒体等主体是被监管者；在食品安全风险社会共治中，食品安全风险监管受体与政府监管部门一样，是食品安全风险的治理者。在食品安全风险社会共治中，同样是政府监管部门，同样是生产经营者、消费者、食品安全行业协会、检疫检验部门和新闻媒体等主体，却承担着与其在食品安全风险监管中不同的责任（见图2-2）。

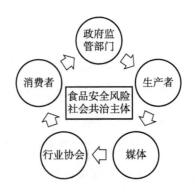

图2-2　食品安全风险社会共治主体

三、食品安全风险治理主体的权利与义务

（一）消费者的权利与义务

《食品安全法》主要通过对生产经营者的行为进行规范，以及政府

食品安全监管部门的依法监管来保障公众身体健康和生命安全。在《消费者权益保护法》中，消费者拥有安全权，知情权，选择权，受偿权，结社权，人格尊严、民族风俗习惯得到尊重的权利，监督权。《消费者权益保护法》赋予消费者的各项权利在食品安全风险治理中应得到具体化。

（二）政府监管部门的职责

《食品安全法》第五条规定："国务院设立食品安全委员会，其职责由国务院规定。国务院食品安全监督管理部门依照本法和国务院规定的职责，对食品生产经营活动实施监督管理。国务院卫生行政部门依照本法和国务院规定的职责，组织开展食品安全风险监测和风险评估，会同国务院食品安全监督管理部门制定并公布食品安全国家标准。国务院其他有关部门依照本法和国务院规定的职责，承担有关食品安全工作。"《食品安全法》第八章规定了地方政府食品安全监管部门的职责。

（三）食品生产经营者的权利与义务

食品生产经营者是食品质量的直接负责人。经营者诚信经营、依法进行生产活动，才能在源头上保障食品安全。《食品安全法》在第四章用四节内容详细规定了食品生产经营者的权利与义务。在多元共治的食品安全风险监管中，有两个制度需要关注：企业自律法律制度和外部参与法律制度。企业自律法律制度是指食品生产经营者在食品生产经营链中每个环节的自我管理和自我约束制度。食品生产经营企业的自律法律制度主要包括企业标准制度、食品网络平台的自律制度、不安全食品停止生产和召回制度、食品安全自查制度。食品生产经营环节的法律制度包括出厂检验记录制度、进货查验记录制度、提交相关产品的安全性评估材料、全程追溯制度、良好生产规范及 HACCP 制度等。外部参与法律制度是指在食品安全治理过程中，食品生产经营者与政府监管部门、

消费者、行业协会和社会舆论监督主体联动治理的法律制度。外部参与
法律制度有两个层面的含义：一是维护自身权益对政府监督部门执法人
员的监督报告；二是保证及时与其他社会共治主体信息交流，处理其他
主体的监督建议，与其他主体共同保障食品安全。具体包括：监督管理
信息交流沟通制度、提交相关产品的安全性评估材料、全程追溯制度。
食品安全风险治理法律制度中规定了食品生产经营者的权利与义务。

（四）食品行业协会的权利与义务

2015 年，《食品安全法》首次将食品行业协会列入治理主体，通过
建立健全行业规范和奖惩机制对食品生产经营者进行监督管理，以提高
食品安全系数，通过风险管理交流机制与政府部门沟通相应政策，维护
食品生产经营者的合法权益，通过有奖举报制度与消费者进行对接，处
理相关举报。2018 年，《食品安全法》第九条对食品行业协会的权利与
义务进行了规定："食品行业协会应当加强行业自律，按照章程建立健
全行业规范和奖惩机制，提供食品安全信息、技术等服务，引导和督促
食品生产经营者依法生产经营，推动行业诚信建设，宣传、普及食品安
全知识。"

（五）消费者协会和其他消费者组织的权利与义务

《消费者权益保护法》第三十六条规定，消费者协会和其他消费者
组织是依法成立的对商品和服务进行社会监督的保护消费者合法权益的
社会组织。依法成立的其他消费者组织依照法律、法规及其章程的规
定，开展保护消费者合法权益的活动。该法第三十七条对消费者协会履
行的公益性职责进行了规定："（一）向消费者提供消费信息和咨询服
务，提高消费者维护自身合法权益的能力，引导文明、健康、节约资源
和保护环境的消费方式；（二）参与制定有关消费者权益的法律、法
规、规章和强制性标准；（三）参与有关行政部门对商品和服务的监

督、检查；（四）就有关消费者合法权益的问题，向有关部门反映、查询，提出建议；（五）受理消费者的投诉，并对投诉事项进行调查、调解；（六）投诉事项涉及商品和服务质量问题的，可以委托具备资格的鉴定人鉴定，鉴定人应当告知鉴定意见；（七）就损害消费者合法权益的行为，支持受损害的消费者提起诉讼或者依照本法提起诉讼；（八）对损害消费者合法权益的行为，通过大众传播媒介予以揭露、批评。各级人民政府对消费者协会履行职责应当予以必要的经费等支持。消费者协会应当认真履行保护消费者合法权益的职责，听取消费者的意见和建议，接受社会监督。"《食品安全法》对消费者协会的监督权作出了规定：对"损害消费者合法权益的行为，依法进行社会监督"。

（六）技术机构的权利与义务

《食品安全法》总则中未规定技术机构在社会共治中的宏观职能，在第二章专章规定食品安全风险管理的具体制度中赋予技术机构风险监测的职能，在第四章规定了技术机构准入的规则以及技术机构和技术人员承担的行政责任、民事责任和刑事责任。

（七）新闻媒体的权利与义务

修订前的《食品安全法》规定了新闻媒体社会监督和公益宣传制度。社会监督制度主要针对违法违规的生产经营者，即对曝光其违法违规行为、报道食品安全事件等作出规定。公益宣传制度主要对政府部门发布食品安全法律法规、食品安全标准等，以及消费者进行食品安全知识宣传等作出规定。修订后的《食品安全法》对新闻媒体参与食品安全风险治理的权利与义务提出了具体要求：新闻媒体应当开展食品安全法律、法规以及食品安全标准和知识的公益宣传，并对食品安全违法行为进行舆论监督。有关食品安全的宣传报道应当真实、公正。

第三节　食品安全风险协作治理多元主体与多中心治理主体

一、食品安全风险协作治理主体

（一）食品安全风险治理主体协作的前提

食品安全风险治理主体有各自的追求，主体利益不一致，各自按照最有利于自己的方向行动符合市场规律，但容易引发食品安全问题。食品安全风险治理主体协作的前提是各主体根本利益一致。从规制受体来看，生产经营者与消费者之间存在严重的食品安全信息不对称是导致食品安全问题的主要原因之一，但不能由此推断生产者与消费者的根本利益是对立的，因为产品质量是企业具有竞争力的保证，也是企业信誉的体现。从企业经营的长远目标来看，生产经营者开发新产品，卖出其产品也需要了解消费者的需求。只有按照消费者的需求生产，满足消费者的需要，生产者才能将产品的使用价值变成价值，企业才有可能盈利。从这个意义上说，生产经营者按照消费者的需要公开食品安全信息，便于消费者判断食品的质量是可行的。这在一定程度上也可以缓解食品安全信息不对称的问题。消费者与生产者之间的食品安全信息不对称，不是他们之间根本利益冲突的表现。从规制主体来看，政府食品安全监管部门与规制受体之间也不存在根本利益的冲突。不仅如此，政府食品安全监管部门在食品安全社会共治中居于重要位置。食品安全社会共治"要以政府为主导，唤醒和激发每个利益相关方的积极性和全社会的正能量"。政府食品安全监管部门的最大利益不是经济利益，而是其合法性的最大化。政府食品安全监管的最终目的是保障食品安全，获得人们的信赖与支持。因此，食品安全社会共治制度各主体的利益不存在根本性的矛盾。食品生产者、消费者、食品安全监管部门等食品安全主体有着共同的需要——掌握食品安全信息，有着共同的利益诉求——食品安全信息共享，有着共同的目标——食品安全。

食品安全各主体对食品安全的需求有差异，控制食品安全风险的能力各不相同，各主体行为的单向线形联系是参与食品安全风险治理的必要条件。在食品安全治理中，需要各个主体共同参与下的"各司其职"："行业协会和龙头企业发挥行业自律和企业主体责任"①；（消费者协会）需要增强公众的健康素质②；媒体是政府、企业和消费者等多方参与主体之间的桥梁，有促进各方形成治理合力的作用③；民间第三方评估机构是"公众获得信息的另一个渠道，有助于社会公众对食品安全问题作出理性的判断"④。只有每个主体控制好各自的食品安全风险，整体的良好的食品安全水平才有可能达到。这也是协作必要性的体现。

（二）食品安全风险治理主体协作的保障

食品安全治理主体间的协作需要由法律责任来保障。规制食品安全风险客观上要求食品安全各主体对各自的行为负责，对各自行为的结果负责，对整个社会的食品安全负责。

食品安全治理主体的二元结构（规制主体与规制受体）决定了不能简单地谈论主体的权利与义务，也不能笼统地追究主体的法律责任，要"在法律规则中兼顾不同主体的利益，明确各个主体的权利与义务、

---

① 张卫. 发挥行业协会和龙头企业作用积极推进社会共治机制建设 [J]. 中国食品，2014（9）：43.

② 覃伟生. 论食品安全社会共治的公民健康素养 [J]. 中国保健营养（中旬刊），2013，(11)：541-542.

③ 郑策，夏慧，等. 社会共治视角下新媒体与食品安全：作用与机制 [J]. 食品工业，2015（1）：232-237.

④ 徐协. 试论食品安全的社会共治 [J]. 江南论坛，2014（9）：30-32.

职责与法律责任"①。依据主体及行为方式等的不同区分行为人的行为及其应当承担的责任十分必要。要顺应这一要求，就需要构建相应的主体责任制度。根据主体的不同，食品安全主体责任可分为政府主管部门的责任和食品安全风险规制受体的责任。一般来说，对食品安全风险规制受体承担的法律责任、承担法律责任的形式，因为有相关法律明确规定而无争议。对于食品安全风险规制受体的责任，人们更加关注追究食品生产经营者的责任。生产经营者主要承担强制履行义务、赔偿责任、惩罚性赔偿责任三种责任。例如，在生产经营者不公布食品安全信息时，出于对公众利益的维护，在生产者有履行义务的能力、可能履行责任时，责令其承担强制履行义务的责任。在实践中，不是所有的食品安全问题都是由生产经营者的行为引起的，也有消费者不了解食品安全知识导致的问题。关注消费者的行为，对消费者不主动掌握食品安全信息行为追究其责任，或者在法律中增加消费者的注意义务，在一定程度上有助于减少因食源性疾病带来的危害。通过规定食品生产者的责任，可实现食品安全"第一责任人"的主体责任。对食品安全检测检验机构，通过对其权利、义务的规定，可发挥其技术监督作用。对新闻媒体，赋予舆论引导、监督的责任等，可体现法律"保证人民依法享有广泛的权利和自由、承担应尽的义务"。对规制受体的法律责任的规定，主要解决"市场失灵"引发的食品安全问题。经济法具有直接限制市场主体私权、直接改变市场主体的利益结构以及公共利益和远视等诸多特有优势，可使市场失灵得到最大程度的纠正。②

对政府食品安全监管部门应承担的法律责任，因对承担法律责任的具体形式缺乏明确的规定而有不同的说法。在政府食品安全监管部门的

---

① 胡锦光. 以法治思维规范食品安全治理 [N]. 中国食品报，2013-11-14（A02）.
② 李昌麒，应飞虎. 论经济法的独立性：基于对市场失灵最佳克服的视角 [J]. 山西大学学报（哲学社会科学版），2001（3）：26-32.

责任中，两类责任应当被关注：一是经济侵权责任；二是不当行使权力的责任。经济侵权责任是指由于政府食品安全监管部门违反了相关的法律，对食品安全风险规制受体造成损害，因其主观上存在过错、其行为与损害结果存在因果关系而应承担的法律责任。管理机关不当行使权力包括不行使权力和滥用权力。政府食品安全监管部门不当行使权力往往是政府食品安全监管部门出于维护社会公共利益的需要，对食品安全风险规制受体作出不当的"引导"，或者没有履行其职责，滥用其职责。例如，政府食品安全监管部门拥有食品安全教育的职责①，当其没有履行职责时，即使消费者的权益没有受到损害，也应当承担责任，即"食品安全责任不一定都要有危害后果的发生"②。必须强调的是，政府的职责应当来自法律明确、具体、直接的规定。规定政府食品安全监管责任可在一定程度上"解决政府部门治理某些公共问题的政策失灵和政治规制成本高问题"③。

二、日本食品安全风险监管多中心治理模式

为了保障日本国内的食品安全和公共卫生，日本的食品安全风险治理采用食品风险监管多中心治理模式。日本的食品安全风险监管多中心治理主体包括四个：政府部门、食品生产经营者、行业协会和消费者。四个主体在食品安全风险治理中都有双向的联系。任何一个主体在特定环节都会充当核心主体，任何一个主体与其他主体之间都有程序性制度相衔接。

---

① 《食品安全法》第十条规定："各级人民政府应当加强食品安全的宣传教育，普及食品安全知识，鼓励社会组织、基层群众性自治组织、食品生产经营者开展食品安全法律、法规以及食品安全标准和知识的普及工作，倡导健康的饮食方式，增强消费者食品安全意识和自我保护能力。"

② 王晨光．食品安全法制若干基本理论问题思考［J］．法学家，2014（1）：37-43．

③ 牛亮云．食品安全风险社会共治：一个理论框架［J］．甘肃社会科学，2016（1）：161-164．

日本的《食品安全基本法》规定了各主体的权利与义务。对政府监管部门，《食品安全基本法》除了明确规定农业水产省、厚生劳动省是食品安全政府监管机构，这两大部门及其下属单位在食品安全中的职能和管辖实行高度集中监管外，还为政府监管部门设置了监督者——食品安全委员会，以监督监管者权力的行使，有效避免政府失灵。

行业协会是食品生产经营者自发组成的具有服务性质的非营利性自治组织，是连接政府部门和生产经营者的桥梁，也是政府、企业和消费者之间的沟通者和中介者，是食品安全风险多中心治理的重要组成部分。行业协会可以帮助市场经营者、政府、消费者有效交换信息，对缓解食品安全风险利益冲突具有积极作用，可以在一定程度上弥补市场失灵和政府失灵。

对生产者，《食品安全基本法》确定了食品安全事故第一责任人制度，这是食品安全法治理念的一次创新，是保障食品安全的重要制度。[①]

《食品安全基本法》为消费者监督食品安全风险监管设计了完备的制度，对我国有很大的借鉴意义。消费者作为食品安全风险监管多中心治理主体，其权利可以通过以下途径予以保障：一是食品安全委员会热线电话制度和食品安全监督员制度；二是内阁设立的消费者维权厅和食品安全教育，由公民组成的消费者协会监督制度；三是在农林水产省设消费者意见交流机构和检举揭发电话，保障伪造食品的提前发现；四是厚生劳动省设立食品卫生监察员，由符合条件的公民报考，监督政府及生产者。[②]

日本食品安全风险监管多中心治理主体制度的设计，建立了各主体间的双向联系，有利于实现食品安全风险控制，如图2-1所示。

---

① 毋晓蕾. 美国和日本两国激励公众参与食品安全监管制度及其经验借鉴 [J]. 世界农业，2015 (6)：81-85.
② 行倩. 中国食品安全风险社会共治主体法律制度研究 [D]. 北京：华北电力大学，2019.

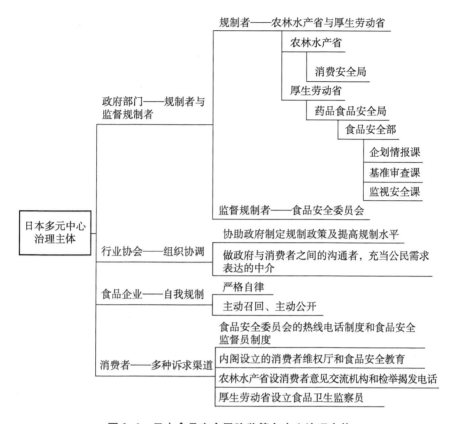

图 2-1　日本食品安全风险监管多中心治理主体

资料来源：行倩. 中国食品安全风险社会共治主体法律制度研究［D］. 北京：华北电力大学，2019.

第四节　我国食品安全风险监管多元主体之间的关系

一、食品安全风险监管主体与共治主体的关系

（一）政府监管部门是食品安全监管主体与风险社会共治主体

研究食品安全风险治理主体需要弄清两个主要问题：一是政府在治理中的位置；二是政府监管部门与其他主体的关系。食品安全风险治理

是由风险监管与风险社会共治并行的两套系统组成的系统。食品安全社会共治的实质是管理模式的转变，即"从由上而下的管理模式转变为上下结合、国家与社会相结合的治理模式"①。因此，食品安全风险监管主体与风险社会共治主体是同一主体。

（二）政府监管部门与其他主体的关系

政府监管部门作为规制主体，既是食品安全风险的管理者，又是风险治理的参与者。作为管理者，政府食品安全监管部门依据法律赋予的职权对规制受体的行为进行管理、"引导"，形成与食品生产经营者、食品行业协会、消费者协会和其他消费者组织、新闻媒体、风险评估专家委员会、技术机构等的纵向联系。食品安全各主体对食品安全的需求有差异，控制食品安全风险的能力各不相同。

在食品安全风险治理中，政府作为参与者，和食品生产经营者、食品行业协会、消费者协会和其他消费者组织、新闻媒体、风险评估专家委员会、技术机构等的关系是平等的，与其他主体形成横向的联系。各主体行为的单向线形联系是人人参与食品安全风险治理的必要条件，只有每个主体管控好自己的食品安全风险，整体良好的食品安全水平才有可能达到。多数学者认为，食品安全问题产生的根本原因是食品市场的信息不对称。从"农田到餐桌"的整个食品链上的每个环节，都存在不同程度的信息不对称问题，即存在不同程度的食品安全风险。信息不对称主要表现为：生产资料供应商与生产者之间的信息不对称，生产者、加工商、批发零售商与消费者之间的信息不对称，生产经营者与政府之间的信息不对称，消费者与政府之间的信息不对称，下级管理者（代理人）与上级管理者（委托人）之间的信息不对称，以及环境污染

---

① 张曼，唐晓纯，普蕖喆，等．食品安全社会共治：企业、政府与第三方监管力量[J]．食品科学，2014（13）：286-292.

与新型生产技术的出现要求生产者、管理者、消费者具有更多更明确的食品质量安全信息等。① 在现实中，食品安全信息是在各主体之间循环的。个别生产经营者过度利用信息占有的优势，会加大食品安全信息的不对称，甚至引发食品安全问题。这不仅会侵犯消费者的权益，也会引发公众对政府食品安全监管的质疑。政府监管部门作为参与者，应充分调动各主体的积极性，使其共同参与食品安全风险控制方案的制定。食品安全风险控制方案由规制主体与规制受体共同制定，既有利于公众充分了解政府在食品安全风险规制中所作出的努力，也能使公众对政府食品安全监管有较为客观的认知，还有助于公众了解、获取食品安全信息和食品安全监管信息，更好地发挥社会监督的作用。在这个系统中，政府监管部门可以发现食品安全信息交流的不畅通情况，找到"堵点"，进而采取措施进行疏通。政府食品安全监管部门可以通过主动公布食品安全信息、强制食品生产经营者公开信息、引导消费者掌握食品安全信息等方式解决食品安全信息不对称引发的食品安全问题。

二、识别多元主体协作的规则

理论上，多元主体在根本利益一致的情况下可以形成协作关系，但这种联系并不紧密，需要一定的规则予以保障。在政府主导的管制模式中，一直追求国家与公民、政府与市民的合作，但这种追求一直无法从根本上改变管理者与被管理者、治理者与被治理者之间分明的界限，所以在他们之间，合作的愿望往往沦为空想。真正的合作治理体系是通过社会自治型的合作制组织，使管理者与被管理者、治理者与被治理者之间的关系趋向和谐，从而真正走向合作治理的境界。②

① 周德翼，杨海娟. 食物质量安全管理中的信息不对称与政府监管机制 [J]. 中国农村经济，2002（6）：29-35.
② 张康之. 论参与治理、社会自治与合作治理 [J]. 行政论坛，2008（6）：1-6.

　　根据合作治理理论，协作的前提是信任。政府作为参与者，与被监管主体的地位是平等的，也就是说，公众和政府应是一种平等协商的关系。合作的规则不偏不倚，才不会因为倾向于某一方而失去对方的信任，丧失合作治理的基础。在食品安全风险治理中，治理方案既可以由政府发起，也可以由公众倡导。从当代世界各国政府与公众的信任关系模式来看，公众之所以信任政府，是因为政府有着健全的法制、合理的体制、稳定的组织体系和规范的行为模式，如果某一方面出了问题，公众对政府的信任度就会下降。政府与公众信任关系的现状实际上已经不是人与人之间的信任，而是人与某些物化了的存在物之间的信任关系，即人对法律、对组织机构和运行机制等的信任。① 由此，要使食品安全风险治理系统有效运行，需要加强政府与其他主体间的信任。

　　我国目前尚未出台规范主体规则的法律规范，根据经济法主体理论，政府监管部门与其他治理主体在食品安全风险治理中的协作关系由他们之间的约定确定。换句话说，各主体可以协商沟通制定相互间协作的规则。治理的各方根据章程或者约定行为与其他主体形成协作。他们不仅要对自己的行为负责，而且要对整体治理结果负责。合作治理意味着对于某个事件或者某种危机的处理，这个约定好的行为规则要求各主体全程参与治理活动，形成相互协作，同时赋予各主体相互监督的权利，特别是规制受体对政府部门的监督，使权力暴露在阳光下，限制权力的恣意行使。以行业协会规章为例，行业协会规章是全体会员共同制定、约束全体会员的规范性文件，在行业中具有约束力。行业协会按照行规行约赋予的权利，为落实国务院食品安全办要求食品相关行业的负责人和从业人员每年至少进行 40 小时的培训规定，组织会员单位开展食品安全法律法规培训。行业协会按照协会章程制定行业标准和规范，

---

① 张康之. 论合作治理中的制度设计和制度安排 [J]. 齐鲁学刊, 2004 (1)：115-120.

提供技术帮助和指导，增强生产经营者守法经营的责任意识，推动行业的健康发展。行业协会在政府与消费者之间发挥着桥梁的作用——把消费者的食品安全投诉及时移交给政府相关部门，并督促有关部门及时调查处理，形成食品安全政府监管与群众监督的合力。

我们还可以借鉴日本的食品安全风险监管多中心治理模式，建立主体之间的联系：第一，形成多中心治理主体。在食品安全风险治理的特定环节，不是始终以政府监管部门为核心，而是根据食品安全风险管控的需要，任何食品安全风险治理的主体都可以成为中心。例如，在食品召回的环节，要以生产者为核心。第二，建立多中心治理主体的双向链接。第三，重视行业协会和消费者协会在食品安全风险控制中的沟通，使其在政府监管部门与生产者之间发挥桥梁作用。第四，建立以消费者为中心的食品安全风险治理主体联系。食品安全风险治理的根本目的是保障消费者的生命健康。在大多数情况下，消费者需要的食品安全信息来源于生产者、经营者、食品安全监管部门，这使得消费者在信息的掌握上处于弱势地位，其权益容易遭到侵犯。当通过食品安全风险评估发现可能的风险时，治理以消费者为中心展开。消费者可按照有奖举报制度的规定，对食品生产经营者的违法行为进行举报，通过行政途径和司法途径对政府监管部门乱作为、不作为等行为进行监督。政府通过履行食品安全教育义务，使消费者获得食品安全知识。消费者通过自我学习，培养健康的饮食习惯，增强食品安全意识和自我保护能力。政府通过为消费者提供平台和途径，使消费者参与食品安全风险治理。

政府食品安全监管的本质是解决市场失灵问题。只要食品市场存在，就会有市场配置资源低效、市场不正当竞争、侵害消费者利益的情况存在。基于此，政府监管部门在食品安全风险治理中的主导地位是必然的。政府监管部门居主导地位和引领地位，其他各主体起到配合和补充作用，食品安全风险监管与食品安全风险社会共治不是替代关系，而是监管缝隙的弥补。

食品安全风险监管的主体与食品安全风险社会共治的治理主体是相同的。在多元共治食品安全监管模式中，政府和其他主体是不平等的。政府的核心地位不仅是由食品安全公共产品的特殊属性决定的，也是因为完全平等的权利分享模式会导致权力运行的不稳定。应允许其他主体凭借自身特有的治理方式和路径，发挥弥补监管空白和缓冲社会冲突的作用，让其他主体享有权利，也就是让各主体承担自己的社会责任。因此，治理权力的适度下放有助于维护政府的威望和公信力。各主体间应平等对话和交流，这是获得消费者信任的重要途径，也是提升治理效果的润滑剂，在当今消费者权利意识觉醒的时代，意义尤为重大。①

政府作为管理者与其他主体形成的食品安全风险监管关系和政府作为参与者与其他主体形成的食品安全风险共治关系，其实质都是多元主体共治的食品安全风险监管关系。不同的风险治理环节，侧重点不同。根据风险管控的需要，政府监管部门有时会采用强制手段纠正市场主体偏离市场轨道的行为，有时需要调动风险治理参与者的积极性，使其参与治理。由于政府监管部门在风险治理不同环节的身份不同，我国食品安全风险监管的多元主体既有政府食品安全监管部门作为管理者与其他食品安全主体形成的纵向关系，又有政府食品安全监管部门作为参与者与其他食品安全主体形成的横向联系，这就形成了食品安全风险监管多元主体纵横交错的网状联系。对我国食品安全风险监管的多元主体进行研究，可为实现政府职能转变提供参考，符合"十四五"规划和2035年远景目标。

---

① 谢康，肖静华，赖金天，等. 食品安全社会共治：困局与突破［M］. 北京：科学出版社，2017：5.

第三章

监管依据：

食品安全风险监管的法律与政策、原则

第一节　食品安全风险监管的法律与政策

一、食品安全相关政策法规

党的十八大以来，党中央将食品安全上升到国家战略高度。为保证"舌尖上的安全"，政府及相关部门更加重视食品安全风险治理。在监管依据上，不断完善食品安全各项政策法规，逐渐形成较为完善的法律和政策体系。不断强化监管手段、创新监管机制，严防严管严控食品安全风险，逐步建立起"从农田到餐桌"的全过程食品安全监管制度。我国食品安全风险治理成效明显。2013 年至 2017 年，国内食品安全总体抽检合格率均保持在 96% 以上。2015 年《食品安全法》修订以后，涉及食品安全风险的《农药管理条例》《兽药管理条例》《进出口商品检验法实施条例》等也相继得到修订。2013 年以来，国务院共制定修订了与食品安全相关的 11 部行政法规；制定修订了与食品安全相关的 24 个规范性文件，其中 2016 年 2 月 6 日颁布的《食品安全法实施条例》对食品安全风险治理的法律制度作出了具体规定。其他有关部门制定修订了 40 部食品安全规章，发布了 170 个规范性文件。这些法律法规涵盖了食品从生产到消费过程的安全风险治理规定。①

---

① 江南大学商学院与食品安全风险治理研究院课题组. 从农田到餐桌，如何保证"舌尖上的安全"？［N］. 光明日报，2018-08-03 (7).

二、食品安全风险监管法律制度

我国的食品安全监管大致经历了三个阶段，各阶段有各自的监管任务。第一阶段（1979—1999 年），以解决食品"数量安全"为主。1979年，《中华人民共和国食品卫生管理条例》颁布，这是中国第一部涉及食品安全的条例。在这一阶段，我国几乎没有食品安全相关法律、法规颁布。在食品安全监管方面，我国政府提出在保障食物供给、解决温饱问题的基础上，"保障食品的质量安全"。第二阶段（2000—2008 年），以解决"食品质量安全"为主。2006 年《中华人民共和国农产品质量安全法》颁布，用以保障食品质量安全。在这一阶段，政府重新组建了"国家食品药品监督管理局"。2004 年，国务院出台《关于进一步加强食品安全工作的决定》，初步形成了以"分段监管为主、品种监管为辅"的食品安全监管原则。第三阶段（2009 年至今），食品安全发展与完善的时期。2009 年，《食品安全法》颁布。2010 年，国务院食品安全委员会成立，标志着中国的食品安全进入建立统一权威的食品安全监管机构的阶段。为了适应社会发展的需要，2014 年，我国对《食品安全法》进行了修改，2015 年 4 月 24 日修订通过，自 2015 年 10 月 1 日起施行。

2018 年 3 月，国务院进行新一轮的机构改革，食品安全监管制度也发生了变更。机构改革中将原本负责食品安全的各监管部门的全部职责划归新成立的市场监督管理总局，新成立的部门负责对市场进行综合监督管理，其中包括过去分散在工商、质监、食药监总局的食品安全监管职责。但仍然保留国务院食品安全委员会，具体工作由市场监督管理总局负责。6 月，国务院调整国家食品安全委员会的成员，包括宣传、政法、网信、发改、教育、科技、工信、公安、法律、自然环境、财务、商业、农业、文旅、医疗卫生、海关、市场监管、粮食、林草、民航、铁路等诸多部门负责人。12 月 29 日，第十三届全国人民代表大会常务委员会第七次会议决定对《中华人民共和国食品安全法》作出修改。我国食品安全监管进入统一市场监管下的综合性食品安全监管的阶段。

我国食品安全监管历史沿革呈现出以下特点：由行政部门主导的监管向政府负责综合协调、各部门履行相应监管职责转变；由单纯的多部门分环节监管向全过程综合性监管转变。食品安全监管力量不断下沉，基层的网格化监管不断完善。社会力量参与食品安全监管的范围越来越广。

从食品安全监管的沿革可以看出，食品安全法律法规、政府食品安全监管措施都是依据我国食品安全状况制定的，与当时的食品安全风险监管相符，形成了食品安全市场准入制度、食品安全标准制度、食品安全信息公开制度、食品安全信用管理体系、食品安全质量管理制度等法律制度和体系。

（一）食品安全市场准入制度

食品安全市场准入制度是指为保障食品安全而实施的，只允许符合规定条件的经营者进入食品市场从事食品生产经营活动，只允许生产销售符合规定条件的食品的监督管理制度。食品的质量必须符合国家法律、行政法规和强制性标准的规定，满足保障人体健康、人身安全的要求，不存在危及健康和安全的不合理危险。

食品生产加工主体必须按照国家实施的食品质量安全市场准入制度的要求，具备保障食品质量安全必备的生产条件，按照规定的程序获得食品生产许可证，才能进入食品市场活动。《食品安全法》第三十五条规定："国家对食品生产经营实行许可制度。从事食品生产、食品销售、餐饮服务，应当依法取得许可。但是，销售食用农产品，不需要取得许可。"2020 年 3 月 1 日实施的《食品生产许可管理办法》第三十条规定："食品生产许可证编号由 SC（'生产'的汉语拼音字母缩写）和 14 位阿拉伯数字组成。"该管理办法第四十九条规定，未取得食品生产许可从事食品生产活动的，由县级以上地方市场监督管理部门依照《中华人民共和国食品安全法》第一百二十二条的规定给予处罚。该管理办法第十八条规定，申请人申请生产多个类别食品的，由申请人按照省级市场监督管理部门确定的食品生产许可管理权限，自主选择其中一个受理部门提交申请材料。食品生产者生产的食品不属于食品生产许可证上载明的食品类别的，视为未取得食品生产许可从事食品生产活动。

（二）食品安全标准制度

我国《食品安全法》对食品安全标准制度作出如下规定：

第一，确立了食品安全标准的统一性。《食品安全法》第二十五条规定："食品安全标准是强制执行的标准。除食品安全标准外，不得制定其他食品强制性标准。"第二十七条规定："食品安全国家标准由国务院卫生行政部门会同国务院食品安全监督管理部门制定、公布，国务院标准化行政部门提供国家标准编号。"第二十八条规定："食品安全国家标准应当经国务院卫生行政部门组织的食品安全国家标准审评委员会审查通过。"第二十九条规定："对地方特色食品，没有食品安全国家标准的，省、自治区、直辖市人民政府卫生行政部门可以制定并公布食品安全地方标准。"

第二，确立了食品安全标准的动态调整机制。《食品安全法》第二十八条规定，制定食品安全国家标准，应当依据食品安全风险评估结果并充分考虑食用农产品安全风险评估结果，参照相关的国际标准和国际食品安全风险评估结果，而食品安全风险评估是一个长期的、动态的机制。食品安全中的安全隐患（包括食源性疾病、食品污染以及食品中的有害因素）有可能随着科技的发展不断地显现出来。食品安全风险评估结果变化了，食品安全标准也必须与时俱进。

第三，确立了以人为本的食品安全标准制定理念。《食品安全法》第一百五十条将"食品安全"界定为"食品安全，指食品无毒、无害，符合应当有的营养要求，对人体健康不造成任何急性、亚急性或者慢性危害"。第二十四条规定："制定食品安全标准，应当以保障公众身体健康为宗旨，做到科学合理、安全可靠。"第二十八条规定："制定食品安全国家标准，应当依据食品安全风险评估结果并充分考虑食用农产品安全风险评估结果，参照相关的国际标准和国际食品安全风险评估结果，并将食品安全国家标准草案向社会公布，广泛听取食品生产经营者、消费者、有关部门等方面的意见。"这充分体现了对广大消费者参与标准制定话语权的尊重。

第四，鼓励企业慎独自律，出台严格的食品安全标准。《食品安全法》第三十条规定："国家鼓励食品生产企业制定严于食品安全国家标准或者地方标准的企业标准，在本企业适用，并报省、自治区、直辖市人民政府卫生行政部门备案。"《食品安全法》既允许企业在其生产的食品没有食品安全国家标准或者地方标准的情况下制定企业标准，作为组织生产的依据；也鼓励食品生产企业追求卓越、见贤思齐，制定严于食品安全国家标准或者地方标准的企业标准。

（三）食品安全信息公开制度

食品安全监管中的信息公开制度是指监管部门对各种经济主体在生产、加工、存储、运输、消费等环节的行为进行监督管理的过程中，公布与公众有关信息的相关制度。我国法律规定，食品安全常规的监管信息包括：根据法律规定应进行许可登记的内容；食品质量抽查检验获得的信息；禁止生产加工的食品、添加剂、相关的食品产品目录；生产商和零售商违法经营的信息；突击进行检查所获得的资料；法律、行政法规规定的其他监管信息。《中华人民共和国政府信息公开条例》规定，各级政府部门要依照法律规定在各自管理的范围内公布相关重要信息，包括对食品药品、安全生产的监督检查结果。在食品行政检查中获取的信息属于政府信息的范畴，原则上应予以公开。[①]

食品行政处罚信息。行政处罚是具体的行政行为，指行政主体对那些违反行政法规的人给予行政制裁。该类信息可以分出三类：①立案前的现场检查信息。一般行政机关在接到举报或发生食品安全事故时，相关部门会去经营者店内进行简单的了解和调查，并通过询问相关当事人获得初步的信息，这些信息应及时予以公开。②立案后搜集证据过程中所获得的信息。初步了解后，相关部门会进行实质的调查，如经营者存在的违法详情、经营者有无执照，若有事故发生，还会调查事故发生的因果等。③对案件进行处理的有关信息。在调查完事实后，相关部门会对违法经营者进行处罚。处罚的事实、理由和结果也应及时更新。[②]

食品安全信息公开的基本要求。《食品安全法》第一百一十八条到第一百二十条对食品安全监管信息公开进行了规定。除了国家层面的立法外，地方人民代表大会及常务委员会和地方人民政府也在其指定的地方条例和办法中对信息公开作出了规定，例如 2007 年 11 月 30 日公布的《北京市食品安全条例》和《广东省食品安全条例》。从法律条文中可以看出，国家重视信息公开制度，明确了公开的主体、内容和违法处理原则等。

国家建立统一的食品安全信息平台。《食品安全法》第一百一十八条规定：国家建立统一的食品安全信息平台，实行食品安全信息统一公布制度。国家食品安全总体情况、食品安全风险警示信息、重大食品安全事故及其调查处理信息和国务院确定需要统一公布的其他信息由国务院食品安全监督管理部门统一公布。食品安全风险警示信息和重大食品

---

① 康贞花. 论食品安全行政检查信息公开的不足及对策 [J]. 北华大学学报（社会科学版），2014（3）：108-111.

② 陈永法. 食品药品安全信息公开的多层次价值取向研究 [J]. 南京社会科学，2011（10）：73-77.

安全事故及其调查处理信息的影响限于特定区域的，也可以由有关省、自治区、直辖市人民政府食品安全监督管理部门公布。未经授权不得发布上述信息。县级以上人民政府食品安全监督管理、农业行政部门依据各自职责公布食品安全日常监督管理信息。

公布食品安全信息的原则。法律规定，公布食品安全信息，应当做到准确、及时，并进行必要的解释说明，避免误导消费者和社会舆论。

食品安全监管信息的内部交流。《食品安全法》第二十条规定：省级以上人民政府卫生行政、农业行政部门应当及时相互通报食品、食用农产品安全风险监测信息。国务院卫生行政、农业行政部门应当及时相互通报食品、食用农产品安全风险评估结果等信息。食品安全监管信息通报制度不但可以实现资源共享，对信息进行综合利用，而且可以及时地发现食品安全问题，进行整治和解决。

在实践中，食品安全部门虽然设立了各自独立的信息发布平台，但打开信息网站我们会发现，其中的信息大部分是食品安全监管部门的职能和机构设置、详细的办事规程、法律法规内容和食品安全标准等信息。① 可见，食品安全信息的公开需要加强。

（四）食品安全信用管理体系

"信用"在《现代汉语词典》（第 7 版）中的定义如下：①能够履行跟人约定的事情而取得的信任；②不需要提供物资保证，可以按时偿付的；③指银行借贷或商业上的赊销、赊购；④信任并任用。在民商法中，信用的定义②为：在法律上，民事主体对其履行债务以及其他相关义务的承担能力。民事主体的信用水平高低要依据社会体系来判断。依据调整的对象不同，可将信用分为三类：①政府信用。政府信用是指中

---

① 赵学刚．食品安全信息供给的政府义务及其实现路径 ［J］. 中国行政管理，2011（7）：38-42.

② 杜文雅．探讨民商法中信用体系的构建 ［J］. 现代经济信息，2014（1）：289.

央和地方各级政府发布行政命令贯彻落实政策法规，从而让民众自愿相信政府。②企业信用。企业信用是指企业通过其日常的商业行为，取得外界对该企业的信任。③个人信用。个人信用是指自然人通过其个人在经济生活中的各种行为，累积起的社会对其信任程度的总体评价。政府监管部门与其他主体构成了一个和谐的系统，该系统是依托信息技术建立起来的能有效进行食品安全信用信息管理、征集、评价、披露和反馈的公共信息平台。①

我国的信用管理体系尚处于发展阶段，大多数规定散见于一些地方法规和行业协会制定的行业标准中，如银行同业协会发布公告，对长期欠债不还的客户予以制裁，限制其贷款资格和信用能力等。信用减等制度在立法上也有一定体现。例如，《北京市工商行政管理局市场主体不良行为警示记录系统管理办法》规定，实施严重危害交易安全、严重扰乱破坏市场经济秩序、严重损害交易对象合法权益等不良行为的市场主体，都将被锁入"不良行为警示记录管理系统"。该系统记载了市场主体的严重违法违规行为，及其受到的处罚和政府对某些行为的限制程度。锁入警示系统的市场主体在被锁入"黑名单"期间，投资、股权变更等与企业、个体工商户登记注册相关的行为将受到限制。"黑名单"制度是行政机关在对市场经济活动进行监管过程中，对特定的违法失信市场主体通过公布其违法失信行为的方式，降低其信誉，对其进行重点监管，必要时还可采取惩罚性措施限制、剥夺其相关权利。

保障食品安全需要政府加大信用体系的建设力度，遵循市场规律，促使食品企业将对社会的食品安全责任真正转化为自己的自觉意识，在已有成果的基础上进一步探索和完善，逐步建立较为完整的食品安全信用体系。食品安全信用体系应当包括以下五个方面的内容：一是食品安

---

① 林凌，刘华楠，周德翼. 食品安全信用管理系统框架构建研究［J］. 安徽农业科学，2007, 35（12）：3750-3752.

全信用管理体系；二是食品安全信用标准体系；三是食品安全信用评价制度；四是食品安全信用披露制度；五是食品安全信用奖惩制度。

构建食品企业信用管理制度。政府主管机关可以建立食品企业信用档案"红黑榜"制度，构建不同等级的食品安全信用档案并配套不同的管理方式。例如，将食品安全程度较高的企业列入"红名单"，向社会公示，并减少对其进行食品安全监察；将食品安全存在较大隐患的企业列入"黄名单"，加强对其进行食品安全教育并适当增加检查频率；将食品安全存在违法先例的企业列入"黑名单"，对其进行重点监管，增加日常检查频率。

（五）食品安全质量管理制度

按照中国质量管理协会的定义，质量管理是指为了保证和提高产品质量或工程质量所进行的调查、计划、组织、协调、控制、检查、处理及信息反馈等各项活动的总称。广义的产品质量监督管理包括三个方面的内容，即国家对产品质量的监督管理、消费者以及社会其他成员对产品质量的监督管理、生产者和销售者自身的监督管理。

《食品安全法》第四十八条规定："国家鼓励食品生产经营企业符合良好生产规范要求，实施危害分析与关键控制点体系，提高食品安全管理水平。对通过良好生产规范、危害分析与关键控制点体系认证的食品生产经营企业，认证机构应当依法实施跟踪调查；对不再符合认证要求的企业，应当依法撤销认证，及时向县级以上人民政府食品安全监督管理部门通报，并向社会公布。认证机构实施跟踪调查不得收取费用。"2015 年 8 月 5 日，国务院办公厅发布了《国务院办公厅关于推广随机抽查规范事中事后监管的通知》，要求在政府管理方式和规范市场执法中，全面推行"双随机、一公开"的监管模式。所谓"双随机、一公开"，是指在监管过程中随机抽取检查对象，随机选派执法检查人员，抽查情况及查处结果及时向社会公开。"双随机"即建立随机抽取检查对象、随机选派执法检查人员的抽查机制，严格限制监管部门的自由裁量权。建立健全市场主体名录库和执法检查人员名录库，通过摇号等方式从市场主体名录库中随机抽取检查对象，从执法检查人员名录库中随机选派执法检查人员。要运用电子化手段，使"双随机"抽查做到全程留痕，实现责任可追溯。"一公开"可加快政府部门之间、政府部门与市场主体之间监管信息的互联互通，依托全国企业信用信息公示系统，整合形成统一的市场监管信息平台，及时公开监管信息，形成监管合力。

第二节　多元共治食品安全风险监管原则

一、综合原则

多元共治食品安全风险监管是治理的一部分。在国家宏观管理中，社会治理应当与国家治理、政府治理的目标、手段、路径保持一致。从宏观上看，社会治理的创新最重要的是理念的创新。随着社会治理理念的传播和浸润，社会治理的理念已经被广大人民群众接受并形成共识。党的十八届三中全会提出，要改进社会治理方式，激发社会组织活力，健全公共安全体系。多元共治食品安全风险监管的创新是在中国共产党的领导下，由政府引导、整合多元主体间的不同目标定位和行动理念，将多元主体的分散目标协调统一在社会治理的大目标之下。创新体系的建设重点应放在协调政府与社会的互动关系上。

二、与国家经济发展战略目标一致的原则

多元共治食品安全风险监管的目标可以分为一般目标和最终目标。

一般目标是解决特定的社会问题，最终目标是与国家的经济发展战略目标保持一致。党的十九大提出的战略目标为：全面建成小康社会，加快推进社会主义现代化，把我国建设成富强、民主、文明、和谐、美丽的社会主义国家。新时代的社会治理目标是"针对国家治理中的社会问题，完善社会福利，保障改善民生，化解社会矛盾，促进社会公平，推动社会有序和谐发展"。① 根据风险管控的特点，可将目标分为三个层级：初级、中级、终极。多元主体的利益共享是多元共治的初级目标。解决不正当竞争、垄断和信息不对称引起的"市场失灵"，既要考虑促进经济发展，又要维护公平竞争的市场经济秩序，还要考虑保障消费者和其他主体的合法权益，平衡效率与公平的关系。解决食品市场的"市场失灵"与"政府失灵"是多元共治的中级目标。多元共治制度的目标是全体参与主体都能够在社会共治中得到利益，而不仅仅追求某一主体的利益最大化。多元共治制度追求的结果是全体参与主体共同享有共治后的成果，使用的治理手段与达成的效果是全体参与主体都获利满足感。"共赢"是多元共治追求的最终目标。

多元共治食品安全风险监管是指当食品市场本身无法提供安全保障或食品安全保障失灵时，政府通过对市场的适度干预，预防食品安全风险，矫正食品安全的市场失灵，从而通过外部的力量和制度供给维护食品安全和消费者的合法权益。食品安全风险监管的目标至少有两个：一是矫正食品市场失灵，即市场无法有效地配置资源。二是满足人民群众日益增长的健康需求，维护消费者的合法权益。政府在管理公共事务的过程中，往往会拥有多项职能。一般来说，现代政府的基本职能包括经济调节、市场监管、社会治理、公共服务和环境保护，其核心是为各类

---

① 姜晓萍. 国家治理现代化进程中的社会治理体制创新 [J]. 中国行政管理, 2014 (1)：24-28.

经济主体提供良好的制度环境，让市场机制在资源配置中更好地发挥作用。① 多个监管目标在食品安全风险监管中可能会出现相互掣肘的情形。因此，监管目标不是一成不变的，需要根据食品安全风险治理的需求，按照《中华人民共和国国民经济和社会发展第十四个五年规划和2035年远景目标纲要》，有侧重地进行调整。

在社会经济发展的不同阶段，多元共治食品安全风险监管原则并不是一成不变的，而是在不断完善、不断丰富。

三、"以人为本"的原则

"以人为本"可以从"人"和"本"两个方面把握。首先是"人"。在食品安全风险治理中，"人"往往被认为仅指消费者，而实际上，除了消费者，还应当包括生产者。"本"是"根本"的意思。在不同的风险监管环节，"根本"是不一样的，即保障消费者的权益与规制生产者的行为是不同的。尽管对生产者违法行为的制裁可在一定程度上实现对消费者权益的保护，但根据监管目标的不同，采取的监管措施是有区别的。从食品安全风险治理的整体看，监管的根本目标是保障消费者的生命健康；在食品市场秩序规制中，监管的目标是规范生产者的行为。"以人为本"强调的是多元主体在食品安全风险治理链条上共处的舒适度。

在保障消费者权益的食品安全监管中，应按照2016年1月28日习近平总书记在食品安全工作会议上强调的，牢固树立以人民为中心的发展理念，落实"四个最严"的要求，切实保障人民群众"舌尖上的安全"。食品安全问题是民生问题，也是民心工程，让百姓吃得放心、吃

---

① 胡颖廉. 国家、市场和社会关系视角下的食品药品监管［J］. 行政管理改革，2014（3）：45-48.

得健康取决于食品安全法治建设的程度和监管责任的落实情况。"以人为本"既是食品安全风险监管的理念，也是食品安全风险社会共治的原则。

在规范生产者行为的食品安全风险监管中，应按照 2015 年习近平总书记提出的要求，切实加强食品药品安全监管，用最严谨的标准、最严格的监管、最严厉的处罚、最严肃的问责，加快建立科学完善的食品药品安全治理体系，坚持产管并重，严把从农田到餐桌、从实验室到医院的每一道防线。市场主体失信惩戒制度是食品安全风险监管制度中的一项主要制度，其建立的直接目的是惩戒失信行为，根本目的是矫正市场主体行为、重塑市场秩序。市场主体失信惩戒制度的目标是在一系列惩戒手段的引导下，令失信的市场主体主动悔过，弥补自身失信行为所带来的负面效应，重新健康进入市场，而非对失信的市场主体"惩戒终身"。我们应遵循"以人为本"的原则，以惩戒为手段，让相关市场主体规范自身行为。参考国外的经验，对市场主体的失信记录应建立"定期清理"制度。

以 2010 年的《食品安全风险评估管理规定（试行）》为指导，我国构建了一整套与国际接轨的食品安全国家标准框架体系。针对百姓餐桌上的 30 大类食品，我国建立了约有 2000 万个数据的食品污染大数据库。2017 年，食品安全监督抽检 23.33 万批次样品，总体平均抽检合格率为 97.6%；婴幼儿配方乳粉抽检合格率为 99.5%，不合格项目主要集中在标签标识方面。中国食品科学技术学会理事长孟素荷认为："在这个满足全球 1/5 人口消费，基数最大、难度最大的食品市场上，中国对食品安全的管理，在破解困局中的每一点进步，哪怕是 1% 的提升，都是艰难的、了不起的。"由此可以看出，我国食品安全风险监管是政府监管部门对市场的适度干预，以矫正食品市场失灵，通过外部力量和制度供给预防风险，维护消费者的合法权益。

"以人为本"的监管理念在日本体现为《宪法》第二十五条的规定，即国民享有保障身体健康的权利。在 2003 年制定的《食品安全基本法》中，第三条规定："保护国民健康至关重要。"第四条规定："国家要实施必要的措施，保障食品供给各环节的安全。"这条规定体现了日本食品安全全程监控的法律理念。第五条规定："国家应顺应国际发展趋势，听取国民意见，采取科学有效的措施，保证食品安全。"例如，在《食品卫生法》和《JAS 法》（日本有机农业标准。JAS 是日本农林水产省对食品农产品最高级别的认证，即农产品有机认证）中，"科学有效的措施"具体化为：增加营养成分标识中的物质，其中钠以盐的相当量来表示；过敏源物质统一列出，增加饱和脂肪酸、膳食纤维等为任意性标识，鼓励使用；加强对营养功能食品的管理，设置更加严格的标识制度；明确规定其所含有的营养成分的标准；涉及特殊营养成分标识的，还必须得到厚生劳动省的许可。[①] 日本的经验值得我们借鉴。

四、体现"共赢"思维的原则

社会治理可以说是一种以人为本的治理方式。在社会治理中，多元主体的利益不同，追求的目标不同，导致众多利己、逐利行为相互排斥，容易引发问题。"共赢"思维在处理双边和多边关系时，在相互信任的基础上，通过各方相互理解、相互支持、协同一致，使双方或多方的利益分配趋于合理。

在新时代中国特色社会主义社会治理中，全体社会治理参与主体的根本利益一致，为各个主体协作一致、共同参与社会治理提供了可能。只有通过参与社会治理能够获得利益，各主体才有参与社会治理的积极性。社会治理的效果归根结底要转化为百姓的满意度和幸福感，因此，

---

① 王玉辉，肖冰. 21 世纪日本食品安全监管体制的新发展及启示 [J]. 河北法学，2016（6）：136-147.

在新时代中国特色社会主义社会治理中，社会治理的目标不仅是追求某一主体的利益最大化，还要追求全体社会治理的参与主体共同享有治理的成果，达成的治理效果是全体参与主体都获得满足感，即"共赢"。"共赢"不仅是社会治理制度构建的指导思想，还是衡量社会治理制度效果的重要指标。

五、符合客观规律的原则

社会治理的本质是政府公共权力与社会组织、公民权利之间的协调平衡与良性互动。[1] 社会治理是基于中国国情建立的在中国共产党领导下，以政府为主导，吸收融合社会组织（社会团体、民办非企业单位、基金会以及村民委员会、社区居民委员会等）、公民等多元主体参与互动，对公共事务实施合作治理的行为和过程。中国特色社会主义社会治理应反映社会治理的内在本质要求。

在"互联网+"时代，多元共治食品安全风险监管应当体现时代特色、时代要求，符合时代发展的客观规律。我们必须科学认识网络传播规律，提高用网治网水平。习近平总书记指出："随着互联网特别是移动互联网发展，社会治理模式正在从单向管理转向双向互动，从线下转向线上线下融合，从单纯的政府监管向更加注重社会协同治理转变。""我们要深刻认识互联网在国家管理和社会治理中的作用。"

习近平总书记在党的十九大报告中指出："人类只有遵循自然规律才能有效防止在开发利用自然上走弯路，人类对大自然的伤害最终会伤及人类自身，这是无法抗拒的规律。"[2] 中国新时代食品安全风险治理

---

[1] 王刚，贺海峰．创新社会治理中的政府与社会互动关系研究 [J]．学术界，2017（2）：75-85.

[2] 习近平．决胜全面建成小康社会 夺取新时代中国特色社会主义伟大胜利：在中国共产党第十九次全国代表大会上的报告 [EB/OL]．http：//news. cnr. cn/native/gd/20171027/t20171027_ 524003098. shtml.

必然建立在马克思主义认识论的基础上，以与食品安全风险治理的科学规律性和中国社会发展的阶段性相统一为基本原则。[①]

六、"审慎监管"的原则

在"互联网+"、共享经济等新业态下，包容审慎是我国政府探索监管创新的重要向度。国务院总理李克强在涉及电子商务、移动支付、快递与网约车等新业态、新模式的命题讨论中，多次强调确立包容审慎原则的必要性，并从"创新包容"与"安全底线"的辩证角度阐释了包容审慎的核心要义。包容审慎的建构旨在检视国家权力在市场经济发展中的功能与地位，提高政府干预效率，鼓励市场创新与竞争。这些新的理念与原则在回应我国经济社会发展现实的同时，也在践行社会本位、实质正义等经济法基础理念。[②]

---

① 吴林海. 中国食品安全风险治理体系初探［N］. 中国青年报，2017-12-18（2）.
② 刘乃梁. 包容审慎原则的竞争要义：以网约车监管为例［J］. 法学评论（双月刊），2019（5）：122-132.

第四章

监管手段：

"惩罚"与"引导"

第一节　经济法责任

一、经济法责任及其具体形态

（一）经济法责任的概念与特征

传统法责任主要分为"三大责任（民事责任、刑事责任和行政责任）或四大责任（加违宪责任）"①，经济法责任是不同于传统法责任的一种新的法律责任类型。"仅用民法行政法的调整机制适用于经济法就一定会出现'梗阻'现象。"②

关于经济法责任的概念，我国目前没有形成统一的观点。经济法责任有广义责任和狭义责任。广义的经济法责任是指违反经济法所应承担的各种法律责任的总称，包括但不限于经济法中规定的民事责任、行政责任和刑事责任等。以综合责任说为代表，认为只要违反经济法规定所应承担的法律责任，就属于经济法责任。不论是传统民事责任、行政责任或刑事责任在经济法中的运用，还是经济法独创的责任，只要是经济法规定的法律责任，都属于经济法责任的组成部分。狭义的经济法责任仅指经济法独创的法律责任，不包括传统民事责任、行政责任和刑事责任在经济法中的运用。

---

① 张守文. 经济法责任理论之拓补 [J]. 中国法学，2003（4）：13-24.
② 韩志红. 关于经济法中以"新型责任"弥补"行政责任"缺陷的思考 [J]. 法商研究，2003（5）：13-20.

如果按照"后果论""责任论"来界定经济法责任，可把法律责任界定为法律上的不利后果，其优点在于：从利害关系的角度揭示了法律责任与行为的联系，即行为人如果不遵守法律的指引去追求自身利益，那么，他的预期利益和现实利益就得不到法律的承认和保护，甚至他要为此付出某种代价。其不足在于：法律上的不利后果与法律的否定性评价过于宽泛。把法律责任界定为法律的否定性评价，其优点在于：从法律的价值标准的角度，揭示了法律责任总是与法律所不希望发生或明确反对的行为联系在一起。其缺点在于：法律的否定性评价并不一定就是法律责任。把法律责任界定为一种特殊意义上的义务，其优点在于：既揭示了责任与义务两者之间的联系，又明确了两者之间的区别。①

对经济法责任的界定可以从经济法责任的特征入手。经济法责任具有以下四个特征：

（1）经济法主体形态的多样性。经济法主体的体系主要分为"政府—市场主体"框架和"政府—社会中间层—市场主体"框架。经济法主体外延具有广泛性。经济法主体外延的广泛性带来经济法责任的特点：经济法责任的不对等性。不同经济法主体的法律地位不同、行为不同，政府管理主体与被管理主体在国家协调经济运行过程中的行为不一样；不同的经济法主体具有的能力或主体资格也千差万别。即使是相同的政府监管部门，在不同的法律关系中，其责任也是不同的。经济法主体形态的多样性决定了经济法责任形式的多样性。

（2）经济法责任形式的多样性。可以按照不同的标准对经济法责任形式进行分类：第一，按照法律责任是否直接具有物质利益的内容来划分，经济法责任可以分为经济责任和非经济责任。经济责任包括补偿性经济责任和惩罚性经济责任；非经济责任包括行为责任、信誉责任和

---

① 张文显. 法理学 [M]. 北京：高等教育出版社，2003.

资格减免、人身责任等。第二,按照责任主体来划分,经济法责任可以分为被管理主体承担的责任和管理主体承担的责任。被管理主体承担责任的形式一般没有争议,政府管理主体应承担的经济法责任的具体形式在很多国家的经济法中并没有明确,然而对依据管理主体划分的经济法责任的界定却是非常重要的。在我国,国家经济管理主体包括国家经济管理机关及机关工作人员。当国家经济管理主体违反经济法所规定的经济管理义务时,其从事相关经济管理活动所应具备的资格、身份将被限制或剥夺。资格减免是国家管理主体承担经济法责任的主要形式。第三,按照追究责任的目的,可以把经济法责任分为补偿性责任和惩罚性责任。补偿性责任是指由于违反法律义务而产生的在物质利益上承担弥补、赔偿损失的法定不利后果。惩罚性责任是指由于违反法律义务而产生的在物质利益上被惩戒、处罚的法定不利后果。由于经济法责任本质上是对被破坏的正常社会秩序的恢复,采用补偿性责任方式可以使遭受的损害得到弥补;而采用惩罚性责任方式,在弥补损害的同时,对责任主体在物质上予以惩罚,资格上予以限制、否定,会使公平、有序的社会经济秩序得以恢复。

(3)经济法责任内容的特殊性。经济法责任的内容、种类是由法律明确规定的。在确定经济法责任内容时,必须体现以保护社会整体经济利益为主的特点。经济法是以社会利益为本位的法律。现代经济法不以国家利益为本位,也不以单纯的个人利益为本位。经济法主体实施了违反经济法律规范的行为,在给有关相对方造成损害的同时,必然会对整个社会经济秩序造成破坏,给整个社会经济利益带来损害。在这种情况下,对经济法主体的处罚与民事法律主体违反民事法律规定而受到的处罚应是不一样的。经济法责任内容的确定,应当强调从对整个社会利益保护的角度出发,对违反经济法的主体实施制裁。

(4)经济法责任的实现方式体现出强制性(惩罚性)。强制是指国家通过强制力迫使不履行义务的责任主体履行义务的责任方式。经济法责任的强制性功能在于保障义务的履行，从而实现权利。强制还可以使经济法所保护的社会利益受到的损害减少。

（二）经济法责任的具体形态

经济法主体形态的多元性、经济违法行为的多样性决定了经济法责任形式的独特性。经济法独特的责任形式，将随着经济法理论和制度的发展而不断地得到提炼、拣选和归并，并被类型化。

1. 赔偿性责任

经济法主体可能承担的赔偿性责任主要有两类：一类是国家赔偿；另一类是超额赔偿。经济法上的国家赔偿，赔偿主体是国家，主要是基于国家所实施的宏观调控或者市场规制不当，而给调制受体所造成的损害。为了补偿这种损害，从应然的角度，通过移动的途径和形式予以赔偿，但区别于行政法上的国家赔偿。超额赔偿的主体是市场主体，但又不是一般的民事主体（民事责任中的损害赔偿一般是等额赔偿）。超额赔偿包括市场规制法中的双倍赔偿、三倍赔偿制度等。

2. 实际履行责任

经济法的实际履行责任不同于民法上的实际履行责任。经济法的实际履行责任主要是由国家或者政府承担。因为国家和政府的主要责任是提供公共物品，而对于公共物品的需要一般是私人物品所不能替代的，一般只能由政府来提供。如果政府不作为，可能会对调制受体产生不良影响，有时甚至会造成损害，如外部竞争环境的营造、市场秩序的维护、必要的宏观调控等，都是需要政府实际履行的。在这些方面，不能或者不可能完全用承担国家赔偿责任的方式来代替，也不能都用纳税人的钱（进行全额赔偿）来为自己开脱。[①]

---

① 张守文. 经济法原理 [M]. 北京：北京大学出版社，2013：214.

3. 惩罚性责任

惩罚性责任是经济违法主体对社会承担的责任，是惩戒经济违法行为的需要。为了有效遏制经济违法行为、保护人们的生命财产安全，可通过惩罚性的经济法责任提高违法成本，使相关主体出于成本方面的考虑而减少或避免违法行为，这也是出于"防患未然"的考虑。为了弥补社会成本所实施的惩罚，不只是罚款、罚金，也不只是金钱罚或自由罚，还可以包括经济法上的资格罚、能力罚、声望罚等。这些惩罚性责任会直接影响市场主体的行为能力，因而会对其产生根本性的甚至致命的影响。惩罚性责任包括惩罚性赔偿责任、资格减免责任和信用减等三个具体责任形式。

（1）惩罚性赔偿责任。惩罚性损害赔偿也称示范性的赔偿或报复性的赔偿，是指由法庭所作出的赔偿数额超出实际损害数额的赔偿。[①]《牛津法律大辞典》将惩罚性赔偿定义为："系一个术语，有时用来指判定的损害赔偿金，它不仅是对原告人的补偿，而且是对故意加害人的惩罚。"

（2）资格减免责任。国家通过对经济法主体（特别是调制受体）的资格减损或者免除，来对其作出惩罚。因为在市场经济条件下，主体的资格与主体从事某种市场活动或者进入某一市场的能力有关，与主体的存续、收益等也有关。如果取消各种资格，如吊销营业执照、褫夺其某种经济法主体的资格，是对经济法主体的一种重要惩罚。

（3）信用减等。市场主体的失信行为具有隐蔽性，往往不直接侵害到某一具体个人的权利，但置公众利益于不顾，对社会利益有极大的损害。从某种意义上说，市场经济是一种信用经济，如果对某主体进行信用减等，也是对该主体的一种惩罚。

---

① 王利明. 惩罚性赔偿研究［J］. 中国社会科学，2000（4）：112-122.

2014 年，国务院出台了《国务院关于促进市场公平竞争 维护市场正常秩序的若干意见》。这是我国市场主体失信惩戒制度建立的重要标志性文件，确立了市场主体"黑名单"制度。2014 年，国家发展改革委等 38 个部门联合签署《失信企业协同监管和联合惩戒合作备忘录》，针对失信企业开展各部门信息共享、协同监管和联合惩戒措施。2016 年，《国务院关于建立完善守信联合激励和失信联合惩戒制度 加快推进社会诚信建设的指导意见》《关于加快推进失信被执行人信用监督、警示和惩戒机制建设的意见》《关于印发对失信被执行人实施联合惩戒的合作备忘录的通知》出台，这三个文件均要求建立完善的失信联合惩戒制度。

在地方层面，很多省份细化了国家规定，其中江苏省比较具有代表性。2007 年，出台了《江苏省个人信用征信管理暂行办法》，规定了市场主体信用信息异议的具体程序；2013 年，出台了《江苏省自然人失信惩戒办法（试行）》《江苏省社会法人失信惩戒办法（试行）》，对市场主体进行失信惩戒予以具体规定。

二、食品安全法律责任

（一）政府监管部门的法律责任

《食品安全法》对县级以上人民政府的法律责任作出了明确规定：

第一百四十三条规定："县级以上地方人民政府有下列行为之一的，对直接负责的主管人员和其他直接责任人员给予警告、记过或者记大过处分；造成严重后果的，给予降级或者撤职处分：（一）未确定有关部门的食品安全监督管理职责，未建立健全食品安全全程监督管理工作机制和信息共享机制，未落实食品安全监督管理责任制；（二）未制定本行政区域的食品安全事故应急预案，或者发生食品安全事故后未按规定立即成立事故处置指挥机构、启动应急预案。"

第一百四十四条规定："县级以上人民政府食品安全监督管理、卫生行政、农业行政等部门有下列行为之一的，对直接负责的主管人员和其他直接责任人员给予记大过处分；情节较重的，给予降级或者撤职处分；情节严重的，给予开除处分；造成严重后果的，其主要负责人还应当引咎辞职：（一）隐瞒、谎报、缓报食品安全事故；（二）未按规定查处食品安全事故，或者接到食品安全事故报告未及时处理，造成事故扩大或者蔓延；（三）经食品安全风险评估得出食品、食品添加剂、食品相关产品不安全结论后，未及时采取相应措施，造成食品安全事故或者不良社会影响；（四）对不符合条件的申请人准予许可，或者超越法定职权准予许可；（五）不履行食品安全监督管理职责，导致发生食品安全事故。"

第一百四十五条规定："县级以上人民政府食品安全监督管理、卫生行政、农业行政等部门有下列行为之一，造成不良后果的，对直接负责的主管人员和其他直接责任人员给予警告、记过或者记大过处分；情节较重的，给予降级或者撤职处分；情节严重的，给予开除处分：（一）在获知有关食品安全信息后，未按规定向上级主管部门和本级人民政府报告，或者未按规定相互通报；（二）未按规定公布食品安全信息；（三）不履行法定职责，对查处食品安全违法行为不配合，或者滥用职权、玩忽职守、徇私舞弊。"

以上对政府官员的问责机制不能免除国家对受害消费者的赔偿责任。

（二）生产经营者的法律责任

《食品安全法》规定，生产经营者应当承担的责任包括行政责任、民事责任、经济责任和刑事责任。行政责任分为行政处罚和行政问责，其中前者针对生产经营者，一般为责令整改、吊销经营许可执照、没收违法所得、罚款等。民事责任主要指退货退款等,主要是权利填平、赔偿损失。当出现责任竞合时,民事责任优先,这样可使受害人权利得到救济。民事责任主要是侵权责任。侵权责任可分为损害赔偿和预防性救济。损害赔偿主要包括物质性赔偿和精神性赔偿,具体赔偿方式有金钱赔偿和恢复原状两种基本的形式。预防性救济具有事后救济的特征,但从法律的经济分析出发,事先预防更能够及时防止现实损害的发生。在食品安全民事责任中,预防性赔偿方式主要包括停止侵害、排除妨碍、消除危险。经济法责任是指因违法行为损害了经济法保护的利益而应当承担的法律后果。经济法是对公共利益进行保护的法律,其对于违法行为的制裁具有惩罚性。刑事责任是最后一道防线,是最严厉的打击。食品安全方面的违法行为主要有生产伪劣产品、生产经营不符合卫生标准食品、生产经营有毒有害食品、投放危险物质等,处罚主要有有期徒刑、罚金等。

《食品安全法》同时"使用行政民事和刑事性质的责任形式,有利于公民法人和执法机关清晰地认识到某一违法行为可能招致不同程度的法律后果,这既有利于守法,也有利于执法"①。

法律对应当维护的利益加以认定和规定,并以法律上的权利、义务、权力作为保障这些利益的手段。法律责任的目的就在于通过使当事人承担不利的法律后果,保障法律上的权利、利益、权力得以生效,实现法的价值。② 食品安全风险监管主体的二元结构,决定了不能简单地谈论主体的权利与义务,也不能笼统地追究主体的法律责任。应"在法律规则中兼顾不同主体的利益,明确各个主体的权利与义务,职责与法律责任。"依据主体的不同、性质的不同、行为方式的不同区分行为人

---

① 李昌麒,岳彩申,叶明. 论民法、行政法、经济法的互动机制 [J]. 法学,2001 (5):50-56.

② 张骐. 论当代中国法律责任的目的、功能与归责的基本原则 [J]. 中外法学,1999 (6):28-34.

的行为及其应当承担的责任十分必要。要顺应这一要求，就要构建相应的主体责任制度。食品安全主体责任根据主体的不同，分为政府主管部门的责任和食品安全风险规制受体的责任。一般地，食品安全风险规制受体承担法律责任，承担法律责任的形式因为有相关法律明确规定而无争议。对于食品安全风险规制受体的责任，人们更加关注追究食品生产经营者的责任。生产经营者主要承担强制履行义务责任、赔偿责任和惩罚性赔偿责任。例如，当生产经营者不公布食品安全信息时，出于对公众利益的维护，在生产经营者有履行义务的能力时，责令其承担强制履行义务的责任。在实践中，不是所有的食品安全问题都是由生产经营者的行为引起的，也有因消费者不了解食品安全知识而导致的问题。倘若关注消费者的行为，对消费者不主动掌握食品安全信息的行为追究其责任，或者在法律中增加消费者的注意义务，在一定程度上有助于减少因食源性疾病带来的危害。通过规定食品生产者的责任，可实现食品安全"第一责任人"的主体责任。对食品安全检测检验机构，通过对其权利、义务作出规定，可发挥其对食品安全风险的技术监督作用。对新闻媒体，赋予其舆论引导、监督的责任等，体现法律"保证人民依法享有广泛的权利和自由、承担应尽的义务"的理念。对规制受体法律责任的规定，主要解决"市场失灵"引发的食品安全问题。

从食品安全法律责任可以看出，多元共治食品安全监管的手段在以下两个方面的研究有待加强：一是食品安全监管部门的责任。例如，2020 年 12 月的《中华人民共和国刑法修正案（十一）》第四百零八条之一规定："负有食品安全监督管理职责的国家机关工作人员，滥用职权或者玩忽职守，有下列情形之一，造成严重后果或者有其他严重情节的，处五年以下有期徒刑或者拘役；造成特别严重后果或者有其他特别严重情节的，处五年以上十年以下有期徒刑：（一）瞒报、谎报食品安全事故、药品安全事件的；（二）对发现的严重食品药品安全违法行为未按规定查处的；（三）在药品和特殊食品审批审评过程中，对不符合案件的申请准予许可的；（四）依法应当移交司法机关追究刑事责任不移交的；（五）有其他滥用职权或玩忽职守行为的。徇私舞弊犯前款罪的，从重处罚。"二是对食品安全风险共治主体的协作行为缺乏规范。2015 年，我国对《食品安全法》进行了较大修改，加强了对食品安全风险的全程监管，设立了更为严苛的食品安全标准，加大了惩处力度，显示出我国"以重典"治理食品安全问题的决心。但是，我国食品安全事件仍层出不穷，这主要是因为我国食品安全监管模式不完善，忽视了公众等其他社会主体的力量和作用。①

第二节　"软法"——"引导性"监管手段

一、"软法"的概念及特点

（一）"软法"的概念

"软法"常与"硬法"相对。谈及"软法"，人们自然会想到"硬法"，即国家法。"软法"起源于西方国际法学，在学术著作中有多种表现形式，如"自我规制""志愿规制""合作规制""准规制"等。② 目前学者们对"软法"的概念众说纷纭，莫衷一是。很多学者认为，"软法"是指没有法律约束力，但有实际效力的行为规范，或者说由社会共同体制定的、不以国家强制力保障实施的行为规范。③ 以"能

① 齐萌.从威权管制到合作治理：我国食品安全监管模式之转型 [J].河北法学，2013 （3）：50-56.

② 罗豪才，宋公德.认真对待软法：公域软法的一般理论及其中国实践 [J].中国法学，2006（2）：3.

③ 黄茂钦，李晓红.民间借贷的软法治理模式探析 [J].西南政法大学学报，2013，10 （15）：5.

否运用国家强制力保证实施作为我们区分、理解和定义软法与硬法概念的一个关键"①，那些没有国家强制力保证实施的或是国家法律之外的规则，均可被视为"软法"。江必新大法官将"软法"限定于既有的法律规范体系，认为"'软法亦法'的含义是软法作为非制式的法，是法律规范体系中的特定部分，不能在法律规范以外的行为规则中划定其外延"。② 所谓"非制式的法"，是对并非立法机关制定、构成要素欠缺或样式不够典型的法律规范的统称。这或许是最狭窄的对"软法"的理解。

（二）"软法"的特点

"软法"具有以下特点：①"软法"形成的主体具有多元性。具体包括国家机关、公共组织、社会团体和其他组织等。在公共治理实践中，许多公共治理机构通过制定自己的规范来实现公共治理目的，不仅国家机关中的立法、行政、司法机关制定了大量的"软法"，行使社会权利的社会公共组织也制定了许多"软法"。②"软法"在创制方式上具有公众性。"软法"强调成员的普遍参与，注重在民主、协商、平等的基础上达成共识。③"软法"的结构体现灵活性。"软法"由规范性条款、立场目的以及相关措施等要素构成，更具灵活性。④"软法"的内容不具有法律强制性。"软法"规定的是自律性和激励性内容。绝大部分学者认为，"软法"规定的内容不具有国家强制力，不由国家强制力保障实施，而由人们的承诺、诚信、舆论或纪律保障实施。这也是"软法"与"硬法"的根本区别。根据姜明安教授的阐述，"软法"不具有国家强制力：①它的制定主体一般不是国家，即不能由国家强制实施。②"软法"一般是共同体内所有成员自愿达成的契约、协议，每

---

① 罗豪才，宋功德. 软法亦法［M］. 北京：法律出版社，2009：297.

② 江必新. 论软法效力：兼论法律效力之本源［M］//罗豪才. 软法与治理评论（第一辑）北京：法律出版社，2013：35.

个成员通常都会自觉遵守，无须强制。③"软法"不具有国家强制力并不等于它没有约束力。"软法"一经形成，相应共同体成员必须遵守。如果违反，该成员会遭到舆论的谴责、纪律的制裁，甚至被共同体开除。④"软法"具有约束力。与"硬法"相比，"软法"约束力的实现要借助于制度与舆论导向、文化传统和道德规范等，即需要依靠人们内心的自律和外在社会舆论的监督。

二、"软法"在多元共治食品安全风险监管中的作用

章程、规则、行业标准、各类行政规范性文件、司法政策、通知纪要等"软法"在现实生活中都会有向外的约束力，深刻影响着人们的行为模式。"软法"引导人们行为的作用有助于多元共治食品安全风险监管的实现。

从理论层面来看，"软法"是法律社会化的一种表现形式。所谓法的社会化，"是指国家的法逐渐向社会倾斜。一是在法的内容、法的制定和法的运行中，社会性、人民性逐渐增强；二是相对独立于国家法的社会组织的自主、自治、自律规范，在某些领域逐渐取代或补充国家法"。①

"软法"能否得到有效的实施取决于社会环境。无论是在"熟人社会"还是在自生自发的秩序中，规则产生实际约束力的前提都是大家对规则的一致认同。"软法"往往因其实际的约束力而获得生命力。"从功能的角度而言，软法因其灵活性、能有机地回应社会的目标和多元化推力而受到称赞。"②"软法工具能够促进政府不同层次间的互动和社会

---

① 翟小波．软法及其概念之证成：以公共治理为背景 [J]．法律科学（西北政法学院学报），2007（2）：3-10.

② 罗豪才，毕洪海．软法的挑战 [M]．北京：商务印书馆，2011.

主体的参与。"①

由"规制"（regulation）、"自我规制"（self-regulation）、"合作规制"（co-regulation）等概念延伸而来的"软法"概念，首先意味着由灵活性和自愿原则所确定的水平网络和权威关系取代了原先的政府监管单向的行政法治。行政机关在严格的程序规则之外，应以问题的解决为导向，就管制事项与利害关系人进行积极协商以便达成合意，或采用经济激励制度促使其选择成本最低的行为方式，如可以在消费者保护、劳动与就业、环境保护领域运用自我管制的模式，也可以在国家公共部门与私人部门的合作对话中形成一种合作管制的关系。②

三、从对"知假买假"行为的认定看法院判决的引导作用

（一）从案例说起

杨某于 2015 年 6 月 4 日在北京易喜新世界百货有限公司（以下简称"新世界公司"）购买了 3 盒辽渔码头尊品干海参（以下简称"干海参"），杨某称干海参未标注质量等级，不符合《最高人民法院关于审理食品药品纠纷案件适用法律若干问题的规定》第六条、第十五条，新世界公司应承担相应的法律责任。请求：①解除杨某与新世界公司之间的买卖合同，新世界公司退还杨某货款 2.7 万元，杨某将干海参退还新世界公司；②判令新世界公司赔偿杨某 27 万元；③新世界公司承担本案诉讼费用。

一审法院认为，本案争议是干海参未标注质量等级是否承担法定赔偿责任。经查，新世界公司提供的产品执行标准为 SC/T 3206—2009，应当标明等级而未标明，该行为不符合食品标注要求。此外，依照《食

---

① 罗豪才，毕洪海. 软法的挑战 [M]. 北京：商务印书馆，2011.
② 罗豪才，毕洪海. 通过软法的治理 [J]. 法学家，2006（1）：1-11.

品安全法》第一百四十八条第二款:"生产不符合食品安全标准的食品或者经营明知是不符合食品安全标准的食品,消费者除要求赔偿损失外,还可以向生产者或者经营者要求支付价款十倍或者损失三倍的赔偿金;增加赔偿的金额不足一千元的,为一千元。但是,食品的标签、说明书存在不影响食品安全且不会对消费者造成误导的瑕疵的除外。"法院认为,新世界公司销售的产品虽未标明等级,但该行为未对消费者造成误导,不符合适用法定赔偿的条件,故对要求新世界公司赔偿的请求不予支持。针对杨某要求退货的请求,因新世界公司产品的标签存在瑕疵,应依消费者的要求办理退货手续。综上,北京市东城区人民法院于2016 年 4 月 28 日作出(2015)东民(商)初字第 09386 号民事判决:新世界公司退还杨某货款 27000 元。

一审判决后,杨某不服,向北京市第二中级人民法院提起上诉。

北京市第二中级人民法院二审认为,关于涉案干海参是否符合食品安全标准的问题,根据《食品安全法》第十九条、第二十条第(四)项、第四十二条第一款的规定,食品安全标准是强制执行的标准,食品安全标准应当包括对与食品安全、营养有关的标签、标识、说明书的要求,预包装食品的包装上应当有标签。《食品安全国家标准 预包装食品标签通则》(GB 7718—2011)4.1.11.4 条规定:"食品所执行的相应产品标准已明确规定质量(品质)等级的,应标示质量(品质)等级。"本案查明的事实是,涉案干海参并未标示相应的质量(品质)等级。故涉案干海参不符合食品安全标准。一审判决认定涉案干海参的标签存在瑕疵,该认定有误,法院应予以纠正。

关于新世界公司应否向杨某支付十倍价款的赔偿金的问题。《食品安全法》第九十六条第二款规定:"生产不符合食品安全标准的食品或者销售明知是不符合食品安全标准的食品,消费者除要求赔偿损失外,还可以向生产者或者销售者要求支付价款十倍的赔偿金。"第三十九条第一款和第二款规定："食品经营者采购食品，应当查验供货者的许可证和食品合格的证明文件。食品经营企业应当建立食品进货查验记录制度，如实记录食品的名称、规格、数量、生产批号、保质期、供货者名称及联系方式、进货日期等内容。"根据《国务院关于加强食品等产品安全监督管理的特别规定》第五条的规定，销售者必须建立并执行进货检查验收制度，审验供货商的经营资格，验明产品合格证明和产品标识，并建立产品进货台账，如实记录产品名称、规格、数量、供货商及其联系方式、进货时间等内容。根据《食品安全国家标准　预包装食品标签通则》（GB 7718—2011）的规定，预包装食品标签标示的内容包括：食品名称、配料表、净含量、规格、生产日期、保质期、食品生产许可证编号、生产者和经销者的名称、地址和联系方式、营养标签等。《食品安全国家标准　预包装食品标签通则》（GB 7718—2011）3.6 条规定："营养标签应标在向消费者提供的最小销售单元的包装上。"根据上述规定，在采购食品时，检验预包装食品的标签是食品经营者应当履行的法定义务。本案中，新世界公司在涉案海参进货时未对其标签进行全面查验，其行为属于未履行法定的进货查验义务的行为。倘若新世界公司对涉案海参严格依法进行查验，即可发现涉案海参标签不符合食品安全标准，但新世界公司未对涉案海参标签依法进行严格的进货查验便对外销售，致使涉案海参被杨某购买，其行为属于"应当知道"涉案海参是不符合食品安全标准的食品而进行销售。因此，新世界公司的行为应当认定为"销售明知是不符合食品安全标准的食品"的行为，新世界公司应当承担由此产生的法律责任。

综上所述，北京市第二中级人民法院于 2016 年 12 月 22 日作出（2016）京 02 民终 8958 号民事判决：新世界公司于本判决生效之日起15 日内向杨某支付 27 万元赔偿金。

新世界公司不服北京市第二中级人民法院（2016）京 02 民终 8958

号民事判决，申请再审。

北京市高级人民法院认为，本案争议焦点在于：涉案干海参标签上没有标示等级是否违反了国家强制性标准的规定，是否导致了食品不安全；新世界公司应否向杨某支付十倍价款的赔偿金。

再审查明《食品安全国家标准 干海参》（GB 31602—2015）中没有区分等级的技术指标，对划分等级没有规定。杨某选择性适用干海参产品的不同标准，起诉理由自相矛盾，牟利动机明显，违背诚实信用原则，不应获得法律保护，改判不支持十倍赔偿。

北京市高级人民法院民事判决书（2018）京民再 57 号判决：①撤销北京市第二中级人民法院（2016）京 02 民终 8958 号民事判决。②维持北京市东城区人民法院（2015）东民（商）初字第 09386 号民事判决。

由一审判决退货、驳回十倍赔偿请求，二审改判支持十倍赔偿，再审法院撤销二审法院的判决可以看出，知假买假者是否属于消费者范畴、能否依据法律向商家要求赔偿，在司法实务中的判决存在较大差异。

（二）对知假买假行为认定的学理争鸣

从学理上看，"知假买假"不是法律术语，是一种现象，通常被认为是购买者明知自己购买的商品是假冒伪劣产品而购买或者接受服务的行为。有学者认为，知假买假行为存在广义与狭义之分。广义的知假买假行为是指购买者明知购买的商品为假冒伪劣产品而购买，并不考虑其主观目的是牟利还是单纯的个人消费。狭义的知假买假行为是指为了获得惩罚性赔偿而购买假货的行为。① 从经营者的角度看，在狭义的知假买假行为中，可能存在销售者不知道销售的商品为假货的情形。

---

① 江冰．"知假买假"的认定及法律适用探析［J］．法制与经济，2020（5）：89-91.

肯定说认为，只要其购买的商品不是用于再次销售，就属于消费者的范畴，应当适用惩罚性赔偿。① 支持该学说的学者以王利明教授为代表。他认为，购买者在购买商品时出于何种目的难以判断，其购买动机属于道德范畴而非法律问题，故可将消费者的外延扩大，将非经营者均视为消费者。支持肯定说的学者还认为，从文义上解释，《消费者权益保护法》第五十五条规定的经营者"欺诈行为"不以购买者不知情为要件，其是否陷入错误认识并不影响其获得惩罚性赔偿。② 还有学者认为，消费者获得惩罚性赔偿不以其陷入错误认识并作出意思表示为前提。③ 此外，支持肯定说的还有一个重要理由，就是职业打假人的行为有助于打击销售假冒伪劣产品的行为，同时可以节约监管部门的执法成本。以梁慧星教授为代表的一些学者持否定观点。否定说认为，依据《消费者权益保护法》第二条的规定，只有为了生活消费需要购买、使用商品或接受服务才属于消费者的范畴，"知假买假"是为了获取经济利益，不属于《消费者权益保护法》的调整对象，故不适用惩罚性赔偿。梁慧星教授认为："职业打假阶层是一个游离于公权和私权之外的、以打假为业的牟利行业，不利于法治建设。"④ 此外，从欺诈的构成要件以及法秩序的统一要求上看，欺诈必须以购买者因经营者的欺诈行为陷入错误认识而作出意思表示为前提，知假买假者并未陷入错误认识，故不构成欺诈，从而不适用惩罚性赔偿。

一般地，先要依法对消费者作出判断。《消费者权益保护法》第二条规定，消费者因自身的日常生活需要对商品或者服务进行购买使用的，才能够受到法律的保护，即具有消费者的身份，才能享有《消费者

---

① 王利明. 惩罚性赔偿研究 [J]. 中国社会科学, 2000 (4)：112~122.
② 李友根. 消费者权利保护与法律解释：对一起消费纠纷的法理剖析 [J]. 南京大学法律评论, 1996 (2)：166~175.
③ 刘保玉, 魏振华. "知假买假"的理论阐释与法律适用 [J]. 法学论坛, 2017 (3)：62~73.
④ 梁慧星. 为中国民法典而奋斗 [M]. 北京：法律出版社, 2002.

权益保护法》规定的消费者权益，才能依法求偿。从此条规定可以看出，《消费者权益保护法》对消费者的界定不是十分清晰，据此很难对知假买假者是否属于消费者进行判断。《消费者权益保护法》第五十五条规定，经营者作出赔偿的主要依据是经营者存在欺诈行为，但并未对欺诈行为的具体含义进行解释说明。2016年底，国家工商总局起草了《消费者权益保护法实施条例（送审稿）》报送国务院，其中第一章第二条规定："消费者为生活消费需要而购买、使用商品或者接受服务，其权益受本条例保护。但自然人、法人或其他组织以牟利为目的购买、使用商品或接受服务的，不适用本条例。"从此条规定看，知假买假者应该是被排除在消费者范围外的，但此条例目前还是送审的状态，且对于知假买假者能否被纳入消费者范围依然存在争议。

长期以来，知假买假能否适用《消费者权益保护法》第五十五条第一款，在理论上与实务中引起了激烈争论。争论的焦点在于，知假买假者属不属于"消费者"，有没有受到经营者的"欺诈"。其逻辑是，知假买假属于"消费者"并受到经营者的"欺诈"是适用惩罚性赔偿的前提条件。

（三）对"知假买假"认定的依据

我国对"知假买假"的认定经历了以下两个阶段：

第一阶段，"知假买假"可以获得赔偿。

2009年，《食品安全法》第九十六条规定："违反本法规定，造成人身、财产或者其他损害的，依法承担赔偿责任。生产不符合食品安全标准的食品或者销售明知是不符合食品安全标准的食品，消费者除要求赔偿损失外，还可以向生产者或者销售者要求支付价款十倍的赔偿金。"

2013年，《最高人民法院关于审理食品药品纠纷案件适用法律若干问题的规定》（法释〔2013〕28号）出台，其中第三条规定："因食品、药品质量问题发生纠纷，购买者向生产者、销售者主张权利，生产者、销售者以购买者明知食品、药品存在质量问题而仍然购买为由进行抗辩的，人民法院不予支持。"

2013 年 10 月 25 日，我国对《消费者权益保护法》进行修改，2014 年 3 月 15 日实施。《消费者权益保护法》第二条规定："消费者为生活消费需要购买、使用商品或者接受服务，其权益受本法保护；本法未作规定的，受其他有关法律、法规保护。"这被认为是对消费者进行界定的法律依据。第五十五条规定："经营者提供商品或者服务有欺诈行为的，应当按照消费者的要求增加赔偿其受到的损失，增加赔偿的金额为消费者购买商品的价款或者接受服务的费用的三倍；增加赔偿的金额不足五百元的，为五百元。法律另有规定的，依照其规定。经营者明知商品或者服务存在缺陷，仍然向消费者提供，造成消费者或者其他受害人死亡或者健康严重损害的，受害人有权要求经营者依照本法第四十九条、第五十一条等法律规定赔偿损失，并有权要求所受损失二倍以下的惩罚性赔偿。"以上条款被视为消费者获得惩罚性赔偿的法律依据。

2013 年，最高法孙军工认为，个人打假者具有消费者身份，"知假买假"仍受保护。2015 年 6 月 15 日，最高法召开新闻发布会，通报法院依法维护消费者合法权益的有关情况，并公布了 10 个消费者维权典型案例。最高法民事审判第一庭庭长杨临萍介绍，个人"知假买假"受《消费者权益保护法》保护。如果单位"知假买假"，受《合同法》等法律保护，不能要求《消费者权益保护法》中的"惩罚性赔偿"。

第二阶段，地方司法机关对"知假买假"作出的规定。

2016 年 2 月 9 日，深圳市中级人民法院《民事审判庭关于审理涉及食品安全民事案件裁判标准联席会议纪要》第九条规定："生产者或者销售者能够证明消费者系以营利为目的专门购买不符合食品安全标准的食品的，对于消费者的惩罚性赔偿请求，人民法院不予支持。"

2016 年 3 月 25 日，《重庆市高级人民法院关于审理消费者权益保护纠纷案件若干问题的解答》第二条规定："二、明知商品或服务存在质量问题而仍然购买的人是否是消费者？答：《消费者权益保护法》的立法目的是约束经营者提供商品或服务的行为，商品或服务是否符合质量要求，是经营者应否承担法律责任的事实基础。对于明知商品或服务存在质量问题而仍然购买的人，赋予其消费者地位并享有消费者的基本权利，对于实现《消费者权益保护法》的立法目的有积极意义。因此，明知商品或服务存在质量问题而仍然购买的人是消费者。但是，明知商品或服务存在质量问题而仍然购买的人请求获得惩罚性赔偿的，因有违诚信原则，人民法院不予支持。法律、行政法规及司法解释另有规定的除外。"

2016 年 8 月 5 日，《消费者权益保护法实施条例（征求意见稿）》第二条规定："消费者为生活消费需要而购买、使用商品或者接受服务的，其权益受本条例保护。但是金融消费者以外的自然人、法人和其他组织以营利为目的而购买、使用商品或者接受服务的行为不适用本条例。"

2016 年 12 月 12 日，江苏省高院《江苏省高级人民法院关于审理消费者权益保护纠纷案件若干问题的讨论纪要》第二条规定："对于食品、药品消费领域，购买者明知商品存在质量问题仍然购买的，其主张惩罚性赔偿的，人民法院予以支持，但自然人、法人或其他组织以牟利为目的购买的除外。"

（四）法院判决对多元共治食品安全风险监管的作用

从司法实践看，对"知假买假"行为进行规范已经成为法院和市场监管部门的共识。从司法者的角度看，相关法律规范的出台是适应我国食品安全风险治理环境的。2013 年，为了加强对消费者权益的保护，结合消费者维权意识普遍不高的情况，对"知假买假者"给予消费者的保护，鼓励消费者维权。据李友根教授考证，1994 年《消费者权益保护法》第四十九条规定，该法的初衷是奖励消费者积极提起诉讼，一倍的赔偿则是为了弥补消费者提起诉讼的成本。只是在经济社会不断发展的过程中，人们越发意识到一倍赔偿并不能很严厉地惩罚造假售假的经营者，所以后来修法的过程中便越来越注重该法的惩罚功能。[①] 当消费者的法律意识普遍提升，对《消费者权益保护法》的宣传也比较深入了，社会上的"职业打假"逐渐增多。在这种情况下，通过法院判决，对"知假买假"行为予以否定性评价，对整个社会发展也是有益的。对"知假买假"行为的司法认定过程是法律宣传教育的过程，也是多元共治食品安全风险监管的重要环节。

在多元共治食品安全风险监管中，既要建立食品安全法律法规体系——以强调假定、处理、制裁为特征的"硬法"，也应当制定以强调纲领、方针、政策为特征的"软法"。实行"软法"的主要目的，是将其内容贯穿到"硬法"和食品安全行政管理中去。制定和完善"软法"，已成为现代食品安全法治发展的主要方向。

---

① 李友根. 惩罚性赔偿制度的中国模式研究［J］. 法制与社会发展，2015（6）：109-126.

第五章

公众参与：

多元主体参与食品安全风险监管

第一节 多元主体参与食品安全风险监管概述

从社会学角度讲，公众参与"是指社会主体在其权利义务范围内有目的的社会行动。法学视域中的公众参与，更多关注的是社会公众参与管理国家事务和社会公共事务的权利"。① 也有学者认为，公众参与是指政府之外的个人或是社会组织通过一系列正式和非正式的途径直接参与到政府公共决策中。②

一、参与的主体

公众参与的主体并不局限于公民，还包括一切有关的公共权力部门、社会团体、企事业单位、群体。③ 食品安全风险治理公众参与的主体既包括"相对于国家有关部门的普通群众，是政府为之服务的主体群众"④，也包括拥有公权力的食品安全监管部门。公众参与是进行有效社会治理的基础。由于需要社会治理的大多数问题都是人民群众关心的重要问题，让他们自己解决自己最关注的问题，容易激发其潜力，从而更可能获得较好的效果。公民参与公共事务还有利于降低社会治理成本。

---

① 戴激涛. 公众参与：作为美德和制度的存在：探寻地方立法的和谐之道 [J]. 时代法学，2005（6）：33-36.

② 李拓. 中外公众参与体制比较 [M]. 北京：国家行政学院出版社，2010：2.

③ 万劲波，张曦，周宏伟. 论环境保护中的公众参与 [EB/OL]. [2007-04-27]. http：//www. riel. whu. edu. cn/show. asp？ID＝1395.

④ 潘岳. 国家环保总局副局长潘岳：环境保护与公众参与 [J]. 中国减灾，2004（6）：24-25.

二、参与的范围

食品安全风险治理公众参与的范围一般有两层：一是食品安全风险治理公众参与主体参与立法活动；二是食品安全风险治理公众参与主体参与国家事务管理活动。

三、参与的方式

在社会现实复杂多变、利益关系日趋多元的情况下，仅仅依靠民选的立法代表已经越来越难以充分反映公众的各种不同的利益要求。人民在选举自己的代表参与立法和管理国家、社会公共事务的同时，也应当为自己保留直接参与立法和管理国家、社会公共事务的权力。参与立法活动，主要采取座谈会、论证会、听证会等形式。在参与国家公共事务管理活动时，参与的方式多种多样。例如，法律规定，县级以上人民政府食品安全监督管理部门和其他有关部门、食品安全风险评估专家委员会及其技术机构，应当按照科学、客观、及时、公开的原则，组织食品生产经营者、食品检验机构、认证机构、食品行业协会、消费者协会以及新闻媒体等，就食品安全风险评估信息和食品安全监督管理信息进行交流沟通。多元主体公众参与食品安全风险治理主要有两个层面：食品安全法律规范、政策的制定和食品安全法律规范的实施。

四、参与的依据

《中华人民共和国立法法》第五条规定，"立法应当体现人民的意志，发扬社会主义民主，保障人民通过多种途径参与立法活动"；第五十八条规定，"行政法规在起草过程中，应当广泛听取有关机关、组织和公民的意见。听取意见可以采取座谈会、论证会、听证会等多种形式"。近年来，在我国，随着建设社会主义法治国家方略的确立，民主化的理念逐步渗透到立法领域，体现民主精神的立法程序性法律、法规和规章相继颁布，各地的立法民主化实践也在如火如荼地展开。我国公众与立法机关之间的关系正朝着良性互动的方向发展。但是，现行的立法程序对于公众参与立法的规定还很不完善，在制度上存在可操作性差、内容上完备性欠缺的问题。这使得立法机关在立法过程中拥有大量的程序主导权和自由裁量权，公众参与往往处于消极被动的状态。公众的参与权利常常得不到保障，参与意见也常得不到尊重，公众参与立法的实效还没有完全得到发挥。

目前，"问题食品"信息舆情已经成为社会恐慌乃至社会不稳定的一个源头，消费者普遍缺乏食品安全常识，有时甚至怀疑食品管理或研究机构的公信力。基于此，政府食品安全监管部门、专业机构、食品企业、媒体、消费者之间的风险沟通已经成为食品安全治理公众参与的主要内容。

经济法学通过权利、权力、责任的公平合理配置建构了一套食品安全风险治理法律体系。食品安全风险治理法律制度通过界定食品生产者、经营者、消费者、监管者各方的权利、权力和责任，来矫正生产经营主体与消费者的不对等地位、缓解市场的外部性问题、规范市场的统一化问题、强化企业与政府的自律意识和法律责任、维护社会互信和市场公平交易、改正政府权力不清和责任不明的失灵状况。但多元的食品安全风险治理主体在食品安全风险共治中的行为准则尚未明确，而这是一个巨大的工程。

多元主体参与的食品安全监管重点研究多元主体的信息获得机制、要求表达机制、利益要求凝聚和提炼机制、施加压力机制、利益协商机制、矛盾调解机制。我们可以借鉴日本的一些做法，在多元共治食品安全风险治理中强调主体之间的多元联系，即至少在两个主体之间建立双向联系。公众参与社会治理的手段具有层次性：一层强调全体，即全体社会治理参与主体的共治；另一层是各主体运用各自手段的自治。只有各参与主体均承担起自己应当承担的责任，负责控制自己那部分风险，才有可能与其他主体一起解决面对的共同社会问题。从历史的角度看，我国政府与社会的关系逐渐从命令与服从的关系、管理与被管理的关系，转变为基于合约的契约关系和政府整合社会过程中的互动（联动）关系。① 多元主体参与食品安全风险治理如图 5-1 所示。

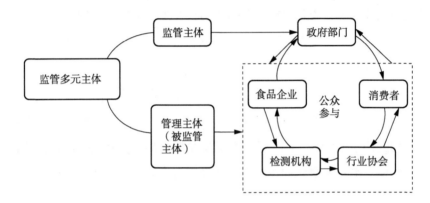

图 5-1　多元主体参与食品安全风险治理

消费者、食品生产者、行业协会、政府监管部门可以在立法和法律制度实施两个方面参与食品安全风险共治。某一个主体的参与是该主体融入整个食品安全风险治理立法或法律实施的过程，必然会与其他主体产生联系。某一主体权利的实现有赖其他主体提供保障，因此，食品安全风险的治理有赖多元主体的相互协作。

协作的行为不可能是整齐划一的，因为作为主体的消费者、食品生产者、行业协会、政府监管部门会因各自具体情况的不同而有不同的反应，如消费者会因性别、年龄、营养情况、受教育程度、工作性质、文化习俗、经济条件、环境气候等不同而存在个体差异。

---

① 张开云，叶浣儿，徐玉霞. 多元联动治理：逻辑、困境及其消解 [J]. 中国行政管理，2017（6）：24-29.

第二节　食品消费者参与食品安全风险监管

一、食品安全惩罚性赔偿制度

（一）惩罚性赔偿责任的界定

在英美法司法实践中，惩罚性赔偿制度在补偿性损害赔偿不能有效地保护受害人和制裁不法行为人的情况下适用。① "惩罚性赔偿是在补偿性赔偿或名义上的赔偿之外，为惩罚该赔偿交付方的恶劣行为并阻遏他与相似者在将来实施类似行为而给予的赔偿。"②

至今学界对惩罚性赔偿的功能仍无完全统一的定论。查普曼等认为，惩罚性赔偿的功能为"补偿、报应和遏制"。③ 大多数学者承认其主要功能是惩罚和遏制，即"为了惩罚被告的不可容忍的行为并遏制被告及其他人在将来做出类似行为"。④

（二）惩罚性赔偿制度的功能

在我国食品安全法中，惩罚性赔偿制度具有补偿、惩罚、遏制和鼓励四项功能。当然，也有学者认为惩罚功能与遏制功能不可分割。⑤

补偿功能是从受害人的角度进行的考察，因食品不安全造成人身损

---

① 王本宏，范圣兵. 论惩罚性赔偿在我国侵权法领域的适用 [J]. 安徽农业大学学报（社会科学版），2002（3）：60-62.

② 参见美国《侵权法重述（第三版）》第 47 章第 908 节。

③ BRUCE CHAPMAN, MICHAEL J, TREBILCOCK. Punitive damages: divergence in search of a rationale [J]. Alabama Law Review, 1989（40）：741.

④ KRISTINE N LAPINSKI. Prerequisite or irrelevant? Compensatory damages in actions for violations of title vii of the Civil Rights Act of 1964, and their relationship to punitive damages, Law Review of Michigan State University, 2001.

⑤ CLEMENTS, Jr. Comment, limiting punitive damages: a placebo for america's ailing competitiveness [J]. MARY'S Law Journal, 1992（24）：197.

害、财产损失的，受害人可以依法使其损害得到补偿。在我国，传统观点主张民事赔偿以补偿受害人的实际损失为目的。损害赔偿以补偿性为原则，赔偿一般不超过实际损失。损害赔偿适用于所有的侵权行为。食品安全法中的惩罚性赔偿制度，其适用是有法律明文规定的，受害者不需要特别请求，也能够依法获得补偿，相应地减少了受害者的诉讼负担。

惩罚功能是从加害人的角度进行的考察，通过判定加害人支付的损害赔偿金，一方面对原告人进行补偿，另一方面对故意加害人进行惩罚。制裁和惩罚不法行为人是惩罚性赔偿制度的重要功能。惩罚性赔偿制度的惩罚功能是通过给不法行为的加害人施加更重的经济负担（支付损害赔偿金），使其承担超过受害人实际损失以外的赔偿来实现的，是对加害人的不法行为的一种制裁和惩罚，是经济法责任性质的体现。从根本上说，经济法责任是为维护社会公共利益的纠恶或纠错机制。由于经济法主体的违法行为不仅会影响自己和相关第三人的利益，而且会影响社会公共利益，因此，经济法对其主体法律责任的规定比民事责任、行政责任更加严格。由于违法者可以通过违法行为赚取高额利润，一些生产者在不良利益的驱动下，会选择继续违反法律，铤而走险。食品安全法中的惩罚性赔偿制度的惩罚功能会使不法行为人在经济上无利可图。给不法行为人增加经济上的负担，使其为自己的不法行为付出一定的代价，会迫使行为人由于违法成本大大提高而采取安全合法的措施来防止损害的发生或者将事故发生的可能性降到最低。

遏制功能，一方面通过对实际侵权者的惩罚，使其不敢并且不能继续或再犯这种不法行为；另一方面通过对特定侵权者的惩罚，告诫其他不特定的加害人不能实施类似的损害行为，以达到预防此类不当行为发生的目的，从而将更多的潜在损害行为消除在萌芽状态。英国学者霍斯顿和钱伯斯指出，"损害赔偿判决的第一个目的在于补偿受害人所受的损失，以便尽可能使之恢复到不法行为人的侵权行为发生前的原有状态。然而，损害赔偿还有一个目的，通过使不法行为人根据损害赔偿的判决而承担责任，法院力图遏制其他人犯类似的错误"。① 食品安全法中的惩罚性赔偿制度的遏制功能主要体现的是法律对行为人的否定性评价，以及通过惩罚不法食品生产者警示其他食品生产者，预防食品安全事故的发生。

鼓励功能是从受害人的角度进行的考察，鼓励受害人为获得赔偿金而提起诉讼，以揭露不法行为。鼓励功能不但会使受害人自身的损害得到一定的弥补，还通过揭露不法行为起到遏制的作用，规避潜在的危险。食品安全事故给受害人造成的损失往往是难以证明和计算的，受害人在遭受损害后获得的赔偿与其因提起诉讼而花费的时间和精力是极不相称的，因此很多受害人会因为担心无法证明损害的存在面临败诉的危险而不愿意提起诉讼。

（三）促进消费者参与食品安全风险治理

从消费者的角度看，惩罚性赔偿制度为消费者权益提供了制度保障。惩罚性赔偿制度鼓励消费者通过诉讼等方式寻求法律救济，在一定程度上可以激励那些基于救济成本考虑而不愿意通过法律途径维权的受害人对不安全食品市场经营者提起诉讼。食品安全法中的惩罚性赔偿制度为消费者提供了索赔的成本（既包括经济损失，也包括时间和精力的消耗）低于索赔所获得赔偿的救济方法，使受到侵害的消费者可以通过法律途径维护自己的权益，不会因维权而遭受损失。惩罚性赔偿制度在促使消费者维权实现的同时，为食品安全监管机构提供了食品安全违法的行为线索。

就食品安全监管本身来说，惩罚性赔偿制度对于保障食品安全监管

---

① 金福海.论惩罚性赔偿责任的性质［J］.法学论坛，2004（3）：59-63.

的运行发挥了重要作用。一方面，食品生产经营者面临惩罚的赔偿压力。这在相当程度上抑制了其实施不安全食品生产经营行动的冲动。另一方面，它减轻了食品安全监管机构的压力，也有利于高效地利用有限的食品安全监管资源。

从食品生产经营者的角度来看，惩罚性赔偿制度对不安全食品生产经营者起到了威慑作用，在一定程度上使不安全的食品生产经营者不能获得预期的非法经济利益。

惩罚性赔偿制度的推行，使食品生产者的违法行为被处罚和制裁的可能性增大，在一定程度上达到了防止食品生产经营者生产不合格食品的效果。因此，食品安全法中的惩罚性赔偿制度的完善可以消费者为中心，为消费者维权提供方便。

二、有奖举报制度

（一）举报制度

在最高人民检察院编写的《举报常识》中，举报是指公民或者单位向司法机关或其他有关国家机关或者组织控告危机、违法犯罪，依法行使其民主权利的行为。我们认为，举报是指公民或者国家机关、法人、社会团体等为维护国家、集体、人民和社会公共的合法利益，通过口头、书面等形式，主动向有关国家行政司法机关控告、检举有关人员和单位存在的违纪、违法、犯罪等行为，请求依法查处的行为。

根据最高人民检察院编写的《举报常识》，举报制度是指举报受理机构依照有关法律和规定，对公民或单位、社会团体等所举报的违法违纪线索进行调查处理，从而保障公民依法行使民主监督权利的制度。举报制度一般由宣传、受理、审查、分流、反馈、保护、奖励、答复、救济等具体制度组成。举报的方式包括信函举报、电话举报、来访举报、网络举报四种。

（二）食品安全有奖举报制度

食品安全有奖举报制度是有奖举报制度在食品安全领域的具体应用。《食品安全法》第十二条规定："任何组织或者个人有权举报食品安全违法行为，依法向有关部门了解食品安全信息，对食品安全监督管理工作提出意见和建议。"食品安全举报的方式是多样的，如来人举报，信函举报，传真、电话举报，网络举报等，凡是可以将举报信息传达至举报机构的，都应该算是举报的方式。食品安全有奖举报与食品违法行为举报之间主要的差别是"有奖"。

2014年4月4日，北京市食品药品安全委员会办公室发布《北京市食品药品违法行为举报奖励办法》，其中第二条规定："本办法适用于公民、法人及其他组织举报的，本行政区域内的，且经有关部门查证属实的，属于可能导致公众身体健康和生命安全危害的食品药品违法案件的奖励。"北京市食品药品安全委员会办公室负责举报奖励的认定、奖金管理、奖金发放、汇总统计等工作。2014年，《河北省食品药品有奖举报办法》规定，县级以上食品药品监督管理部门和食品安全委员会有关成员单位，对公民、法人和其他组织以来信、来访、电话、网络邮件等方式举报属于其监管职责范围内的食品（含保健食品、酒类）、药品（含中药、民族药）、医疗器械、化妆品在研制、生产、流通和使用环节的违法犯罪行为，经查证属实并依法作出处理后，应当给予举报人相应物质及精神奖励。由此，食品安全有奖举报制度是指单位或者个人对于食品安全违法行为通过来人、电话、邮件等方式向食品安全委员会办公室及其相关单位进行举报，专门机关经过审查，根据举报人提供线索价值大小给予相应奖励的制度。

"机制"一词的英文表述为"mechanism"，主要含义有："一是指事物各组成要素的相互联系，即结构；二是指事物在有规律的运动中发挥作用、效应,即功能;三是指发挥功能的作用过程和作用原理。"把三者综合起来,更概括地说,机制就是"带规律性的模式"①。食品安全有奖举报机制的内容一般包括举报主体、举报对象、接受举报机关、举报方式与途径、举报程序、授奖主体、受奖主体、奖励等级与标准、奖励程序等要素。②

(三)食品安全有奖举报制度的作用

从理论上说,食品安全有奖举报这种消费者参与食品安全监管的方式在一定程度上可以降低和规避食品安全风险。有奖举报制度具有以下三个作用:

1. 有助于监管机关提高监管效率

从消费者的角度来看,食品安全问题关系到每一个食品消费者的切身利益,食品消费者是问题食品的直接受害者。从实际情况看,消费者往往比政府监管部门更先获取相关食品的安全信息。食品安全有奖举报制度使消费者对打击食品违法有了高度积极性。消费者的举报可以使政府及时获取线索,弥补政府监管中的不足,有效地消除政府执法中的盲点。消费者通过举报,还可以有效地监督政府监管部门。《食品安全法》第一百一十六条规定:"食品生产经营者、食品行业协会、消费者协会等发现食品安全执法人员在执法过程中有违反法律、法规规定的行为以及不规范执法行为的,可以向本级或者上级人民政府食品安全监督管理等部门或者监察机关投诉、举报。接到投诉、举报的部门或者机关应当进行核实,并将经核实的情况向食品安全执法人员所在部门通报;涉嫌违法违纪的,按照本法和有关规定处理。"

从生产经营者的角度来看,食品生产者是一个庞大的群体,若要对

---

① 郑杭生. 社会学概论新编 [M]. 修订本. 北京:中国人民大学出版社,1998.

② 汪全胜,黄兰松. 论我国食品安全有奖举报机制的完善:以北京、山东、广东、海南的四省制度文本为考察对象 [J]. 时代法学,2016 (2):55-64.

其进行有效监管，就需要投入大量的人力和物力，这需要增加监管成本。由于食品违法犯罪具有隐蔽性，仅靠政府执法部门去发现食品安全犯罪行为是远远不够的。食品安全有奖举报制度是食品安全监管中的一种制度创新，它是在分析社会大众经济人的社会角色基础上探索出的一种以金钱利益为表现形式的激励措施。[①] 有奖举报是一种高效率、低成本的信息获取渠道，政府监管部门可以通过有偿报酬的方式扩大信息拥有量，根据公众提供的线索进行监管，从而大大提高监管效率，节约监管成本。

2. 威慑不法食品生产经营者

食品安全监管最重要的原则是预防食品安全风险。公众参与食品安全监管可以在一定程度上对食品经营者的违法行为形成制约。食品安全有奖举报制度会使违法者由于担心被举报而处于恐惧之中，也会使潜在违法者选择放弃违法行为。后果模式并不必然由违法者承受，潜在的违法者在作出违法行为的选择时必然经过严格的利益核算，违法行为被查处的概率越大，违法者的预期违法成本就越大，违法利益就越小，其作出违法行为选择的可能性就相对越小。[②] 食品安全有奖举报制度可以有效地震慑不法食品生产经营者。2016 年 8 月 1 日起实施的《深圳市食品安全举报奖励办法》探索并建立了"吹哨人制度"，鼓励业内人士举报危害食品安全的行业潜规则，最高奖励可达 60 万元，有力地震慑了不法食品生产经营者。

3. 激励公众参与食品安全监管

有奖举报制度的实施有利于增强公众参与食品安全监督的积极性、

---

① 高秦伟 . 科学民主化：食品安全规制中的公众参与 [J]. 北京行政学院学报，2012（5）：7-13.

② 应乙，顾梅 . 论后果模式与法律遵循：基于法经济学的分析 [J]. 法学，2001（9）：67-70.

主动性，从而增强食品安全监管效果。2011 年，国务院食品安全委员会下发的指导意见中提出："地方政府要设立食品安全举报奖励专项资金。"物质的奖励可以在一定程度上激发公众举报生产者违法行为的积极性。

从食品安全有奖举报的作用可以看出，将其引入食品安全监管体系，不仅可以弥补政府监管的不足，提高食品安全监管的有效性，而且能激发食品消费者参与食品安全风险监管的积极性，有效震慑不法食品生产经营者，预防食品安全事故的发生。

食品安全有奖举报制度的实施在相当程度上提高了社会资源的配置效率。社会公众将所获取的信息向政府部门举报，降低了有关部门的监管成本，在一定程度上可以弥补政府监管的不足，提高食品安全监管效率。但是，单一使用有奖举报制度可能难以达到良好的效果，还需要与其他食品安全风险治理制度和措施（如食品安全公益诉讼）配合。

（四）促进消费者参与食品安全风险监管的实现

据报道，"3 年过去了，全国各地政府设立的总额上千万百万元的食品安全举报奖金，却依然没怎么动过。在贵州，300 万元的食品安全举报奖励专项资金，去年仅奖励出去 10 万元，前年也不过 20 万元；在广东佛山，100 万元的专项奖金在去年底也只奖励出去 10 万元"。记者调查发现，奖金发不出去是普通现象，有些地方甚至分文未发出，"比如 2012 年福建省设立的 500 万元专项资金，在当年未发出去一笔"。[1] 食品安全有奖举报对消费者参与食品安全风险监管有如此重要的作用，但在实践中却未能收到良好的效果。这值得我们深思。有哪些因素妨碍了制度优越性的发挥？

为鼓励社会公众与食品违法犯罪行为进行斗争、提高社会公众参与

---

① 陈益刊. 千万食品安全举报奖为何发不出 [N]. 第一财经日报，2015-02-03（16）.

食品安全社会监督的积极性，国务院食品安全委员会办公室于 2011 年 7 月 7 日发布了《关于建立食品安全有奖举报制度的指导意见》（食安办〔2011〕25 号）。该意见要求各省市在此文件的指导下建立食品安全有奖举报制度。随后，21 个省份制定了食品安全有奖举报制度的规定和办法，详细规定了有奖举报的范围、受理、程序、原则、奖励的额度等内容。

从有奖举报的主体来看，各地规范的规定不统一。从北京市、山东省、广东省、海南省的食品安全有奖举报规定来看，都列举了不适用该制度的范围，从而确立了不具备举报主体甚至奖励主体资格的范围。从以上各省市列举的不予奖励的举报事项来看，有一些人不可以成为举报奖励的权利人，即不具备这个权利资格，概括起来有：食品安全监管部门的工作人员及其直系亲属或其授意的他人，假冒伪劣产品的被假冒方或其代表、委托人，申诉案件的当事人，从事危害食品安全活动的人，等等。但以上四省市关于不具备权利资格的举报人的范围规定是不一样的。

表 5-1　不属于举报奖励范围的举报事项

省市名称	条款	不属于举报奖励范围的举报事项
北京市	第六条	（一）食品药品安全委员会的各成员单位工作人员及其直系亲属或其授意他人的举报； （二）属于申诉案件（复议、诉讼等）的举报； （三）其他不符合法律、法规规定的奖励情形
山东省	第十七条	（一）从事危害食品安全活动的人员主动交代、自首或主动归案的； （二）案件查办部门在调查取证、侦查、审理等过程中新发现或者从事危害食品安全活动的人员新交代的； （三）案件查办部门的工作人员及其配偶、直系亲属举报的； （四）其他不属于有奖举报范围的
广东省	第十二条	（一）与食品安全工作有关的国家机关及其工作人员的举报； （二）负有食品安全管理职责的部门工作人员授意他人的或者其配偶、直系亲属的举报； （三）假冒伪劣产品的被假冒方或其代表、委托人的举报

续表

省市名称	条款	不属于举报奖励范围的举报事项
海南省	第十九条	（一）与食品安全分管工作有关的国家机关及其工作人员的举报； （二）食品安全分管部门的工作人员利用执法过程中掌握的信息，授意配偶、直系亲属或其他人的举报； （三）假冒伪劣产品的被假冒方或其委托人的举报； （四）属申诉案件的举报； （五）其他不符合有关法律、法规的举报

资料来源：转引自汪全胜，黄兰松．论我国食品安全有奖举报机制的完善：以北京、山东、广东、海南的四省制度文本为考察对象 [J]．时代法学，2016（2）：55-64.

从举报来源来看，可以是消费者、一般公众，也可以是法人或一般群众，还可以是我国公民、华人侨胞或者外国人。

从奖励的原则来看，各地的奖励原则也不统一。《食品安全法》和《食品安全法实施条例》尚未对奖励进行规定。国务院食品安全委员会办公室发布的《关于建立食品安全有奖举报制度的指导意见》也没有明确有奖举报制度遵循的原则。

从举报程序是否规范来看，举报程序不明确和不全面的问题普遍存在。没有一个省份能将举报程序全部囊括其中，多数只规定了其中某个程序。

从对举报人的保护来看，各省市制定的食品安全有奖举报制度或办法，多数以实名举报为原则，食品安全有奖举报方式有的仅限于实名举报，在奖励时也多倾向于奖励实名举报，对匿名举报不太鼓励。一些地方存在"从理论上并不反对匿名举报，但在操作上对匿名举报极其冷淡、不予理睬"的状况。[①]

食品安全有奖举报制度是公众参与的具体运用，公众通过有奖举报参与到对食品安全的监督管理之中，是社会监督的有效途径和表现形式

---

① 沈栖．举报人70%遭打击报复当反思 [EB/OL]．（2014-06-16）．http：//views.ce.cn/view/ent/201406/16/t20140616.2983549.shtml.

之一。食品安全有奖举报制度就是让消费者以自己的方式，运用自己在参与社会活动中获取的广泛信息发出自己的声音，反映真实社会情况。消费者可利用在获取经济主体不良信息方面的天然优势，在政府监管"失灵"的情形下，帮助政府获取信息并获得相应奖励。当然，在食品安全有奖举报制度中，充分发挥消费者的制衡作用并不能代替政府监管，政府监管始终是第一位的，消费者制衡只能起补充作用。①

再次审视食品安全有奖举报制度可以看出，作为公众参与食品安全监管的一种有效方式，食品安全有奖举报与其他监督方式相比有以下特点：①举报主体的主动性。食品安全有奖举报是知情的消费者主动揭发食品生产经营者违法的行为，是社会公众主动意识的体现。②举报主体的广泛性。③举报方式的多样性。举报主体可以口头举报，书面举报，电话、邮件举报。那么，食品安全有奖举报制度中参与有奖举报的主体是谁？如何激发主体的举报积极性？举报的规则是什么？举报的方式为何？相关规定是否有利于举报者参与举报？举报的后果如何？如何对举报者进行保护？对这些问题的深入研究，有助于完善举报制度并促使消费者参与食品安全风险治理。

第三节　食品生产者参与食品安全风险监管

一、食品召回制度

2018 年修正的《食品安全法》第六十三条规定："国家建立食品召回制度。食品生产者发现其生产的食品不符合食品安全标准或者有证据证明可能危害人体健康的，应当立即停止生产，召回已经上市销售的食

---

① 孙效敏. 论《食品安全法》立法理念之不足及其对策［J］. 法学论坛，2010（1）：105-111.

品，通知相关生产经营者和消费者，并记录召回和通知情况。"2007 年
7 月 25 日通过的《国务院关于加强食品等产品安全监督管理的特别规
定》第九条也规定，我国实行食品召回制度。2007 年，国家质量监督
检验检疫总局颁布了《食品召回管理规定》（已失效）。2015 年 3 月 11
日，国家食品药品监管总局令第 12 号发布，《食品召回管理办法》已
经国家食品药品监督管理总局局务会议审议通过，自 2015 年 9 月 1 日
起施行。2020 年 11 月 3 日，国家市场监督管理总局根据 2020 年 10 月
23 日国家市场监督管理总局令第 31 号修订《食品召回管理办法》
（2015 年 3 月 11 日国家食品药品监督管理总局令第 12 号公布）。这些
政策文件对食品召回管理进行了规定，也表明我国在法律上确立了食品
召回制度。

"召回"，即英语单词"recall"，原意是"收回"。产品召回是指生产
商将已经送到批发商、零售商或最终用户手上的产品收回。产品召回的
典型原因是所售出的产品被发现存在缺陷。召回制度是针对已经流入市
场的缺陷产品而建立的。2020 年的《食品召回管理办法》没有对食品召
回进行规定。2007 年国家质量监督检验检疫总局颁布的《食品召回管理规
定》（已失效）规定："本规定所称召回，是指食品生产者按照规定程序，
对由其生产原因造成的某一批次或类别的不安全食品，通过换货、退货、
补充或修正消费说明等方式，及时消除或减少食品安全危害的活动。"

召回的食品是不安全食品。2020 年 10 月修订的《食品召回管理办
法》第二条规定："不安全食品是指食品安全法律法规规定禁止生产经
营的食品以及其他有证据证明可能危害人体健康的食品。"食品召回的
目的是加强食品生产经营管理，减少和避免不安全食品的危害，保障公
众身体健康和生命安全。食品召回的实质是政府食品安全监管部门对食
品生产、销售活动的管理活动。食品召回的方式有主动召回和责令召回
两种。主动召回是指食品生产经营者发现其生产经营的产品不符合食品

安全标准或可能危害人体健康的，应及时报告相关部门，发布召回公告，收回已经上市销售、进入消费者手中的食品，并采取退货、更换等补救措施。责令召回又称强制召回，是指食品安全监管部门在质量抽检等日常监管活动中，发现不符合食品安全标准的食品可能危害人体健康，食品生产经营者又没有主动发布召回公告的，由县级以上监督管理部门发布通告，强制食品生产经营者召回涉案产品。无论是主动召回还是责令召回，食品召回的直接主体都是食品生产者和经营者。

食品召回制度的本质是对消费者的保护。食品生产经营者主要通过主动召回的方式参与食品安全风险监管。

二、食品召回制度的功能

1. 保障消费者合法权益

"民以食为天。"近年来，随着经济的高速发展、人们生活水平的不断提高、生活方式的改变，食品安全问题日趋成为人们关注的焦点。2020 年 10 月修订的《食品召回管理办法》第二条规定，不安全食品是指食品安全法律法规规定禁止生产经营的食品以及其他有证据证明可能危害人体健康的食品。2018 年修正的《产品质量法》第四十六条规定："本法所称缺陷，是指产品存在危及人身、他人财产安全的不合理的危险；产品有保障人体健康和人身、财产安全的国家标准、行业标准的，是指不符合该标准。"实施食品召回制度的首要目的，就是通过召回不安全食品，减少和避免不安全食品的危害，保障消费者的身体健康和生命安全。正如英国著名的政治家、哲学家托马斯·霍布斯所言："人的安全乃是至高无上的法律。""保护生活、财产和契约的安全，构成了法律有序化的最为重要的任务；自由与平等应当服从这一崇高的政治活动的目标。"

2. 预防的功能

"预防"，即防范食品安全事件于未然。现代化食品工业的发展使得不安全食品往往具有批量性的特点。当不安全的食品投放到市场后，其潜在的危害是巨大的。从消费者角度看，食品消费是一个不可逆转的过程，因此，不安全的食品对消费者的损害的严重程度是不言而喻的。我国近年来发生的食品安全事故就可以证明这一点。等到发生了食品安全事故，再对消费者采用赔偿、补救等措施虽然在一定程度上可以解决问题，却不能从根本上解决问题。实施食品召回制度，召回的是离开生产线进入流通领域的不安全食品。从生产者角度看，当食品生产经营者发现不安全食品时，应当立即停止生产经营该食品，按《食品召回管理办法》规定的时限要求发布召回公告，启动召回工作，及时通知相关食品生产经营者停止生产经营、消费者停止食用，并采取必要的措施防控食品安全风险。食品召回制度是不安全食品对社会造成重大危害前的预防措施，是为了避免和减少不安全食品危害的制度。

3. 规范生产经营者行为的功能

从某个角度说，食品工业的发展使食品污染的机会增加，互联网时代的到来使新型购买食品方式不断出现，新的食品安全问题也不断涌现。因此，实施食品召回制度要求在发生现实或潜在的食品安全危险时，企业和食品监管部门必须作出快速反应，尽最大可能及时消除危险因素，遏制损害事实的发生。

食品召回制度是一种以预防和消除不安全食品所及风险为目的的制度。实施食品召回制度的初衷是希望企业以自身的行为来预防风险、保护消费者。①

---

① 杨晓波. 我国食品召回制度的困境解析：基于各主体法律责任的视角 [J]. 中共浙江省委党校学报，2013（4）：123-128.

三、通过食品生产经营者的主动召回实现对消费者的保护

食品企业存在着一种落后甚至扭曲的观念，即认为食品召回意味着企业声誉受损，不到万不得已不实施；食品召回的成本过高，会影响食品企业实施食品召回制度的积极性。消费者对食品安全性拥有不完全对称信息，获得食品质量信息的成本高，会使消费者普遍认为，在食品召回制度中被召回的产品都是大家传统观念中有"毛病"的产品，食品监管部门监管力度还不够。这些因素会影响食品召回制度的推行。

在市场经济条件下，生产者与消费者是相互依存、相互矛盾的统一体。在食品安全风险治理中，企业追求利润最大化的目的最终要借助于消费者的消费行为来实现，而消费者不断增长的物质生活需求也要通过企业的生产经营活动才能得到满足，任何一方的行为都会对对方产生重要影响。1993 年诺贝尔经济学奖得主道格拉斯·诺斯把消费者定义为委托—代理关系中的委托者，并认为这体现了新古典经济学的精髓——消费者主权[①]，即在经济生活的一切方面，消费者处于主导地位。这一理论要求生产者和销售者紧紧围绕消费者的需求和偏好实施产品的生产、销售活动，消费既是生产经营活动的出发点，也是生产经营活动的终点。

一方面，由于获得知识的限制，消费者往往靠自己的观察判断食品的内在质量。随着科学技术的发展，食品生产者运用大量生物科技、食品添加剂、转基因技术生产食品，食品的安全性只有食品生产者比较了解，这就造成了食品安全信息的不对称分布。消费者依靠一般知识或者经营者提供的信息进行消费，其利益很有可能受到损害。

另一方面，我国食品召回制度经过十几年的发展，已经取得了一些

---

① 田学斌. 消费者权益保护：理论解释及其政策含义 [J]. 消费经济, 2001 (3)：46-47.

成效。从各地市场监督总局公布的食品质量抽查检测、不合格食品风险控制和核查处置情况、召回公示等信息中可以看出，主动召回逐渐增多，甚至在一些地区已经超过责令召回的数量。2019 年 1 月 1 日至 2020 年 10 月 1 日，北京市发布的召回信息中，食品召回事件共 63 件，全部为主动召回；福建省涉及食品召回事件共 87 件，其中主动召回 67 件，责令召回 20 件；上海市公布的食品召回事件较少，共 24 件，其中主动召回 10 件，责令召回 14 件。由此可以看出，消费者与生产者的矛盾在一定程度上可通过生产者的主动召回得到缓解。通过生产者的主动召回，消费者的权益可以得到保护。

四、鼓励生产者主动召回的配套制度

食品安全生产者的主动召回，在一定程度上可以缓解生产者与消费者之间食品信息不对称的问题，对保护消费者的权益、预防食品安全问题的发生有积极的作用。食品安全风险共治需要各方的协作，如果政府监管部门的制度供给到位，可以进一步提升生产者主动召回的积极性，还可以促进与食品召回制度配套的其他法律制度的完善。

（1）食品溯源制度。国际食品法典委员会（CAC）与国际标准化组织（ISO）把可追溯定义为："通过登记的识别码，对商品或行为的历史和使用或位置予以追踪的能力。"欧盟颁布的 178/2002 号法令把食品的可追溯性定义为"在生产、加工、销售各个阶段都能够对食品、饲料品及用于食品生产的动物，或者可能用于食品和饲料中的物质进行跟踪和追溯的能力"，即食品在整个生产和流通过程中都可以找到踪迹。食品溯源制度是食品召回制度的基础。食品溯源制度可以迅速查明不安全食品所在，只有不安全食品才需要被召回。《食品安全法》第四十二条规定："国家建立食品安全全程追溯制度。食品生产经营者应当依照本法的规定，建立食品安全追溯体系，保证食品可追溯。国家鼓励食品生产经营者采用信息化手段采集、留存生产经营信息，建立食品安全追溯体系。"

（2）食品安全标准制度。我国法律及国外食品召回制度的实践表明：判断食品是否需要召回，要进行食品安全危害调查和食品安全危害评估。科学技术日新月异，"可能对人体健康造成的损害"的标准也在不断更新，我国需要加快标准的制定和更新。

（3）食品安全风险评估制度。《食品安全法》第十四条规定："国家建立食品安全风险监测制度，对食源性疾病、食品污染以及食品中的有害因素进行监测。国务院卫生行政部门会同国务院食品安全监督管理等部门，制定、实施国家食品安全风险监测计划。"

（4）食品安全信息公布制度。有效的食品召回离不开有效的信息收集。《食品安全法》第一百一十八条规定："国家建立统一的食品安全信息平台，实行食品安全信息统一公布制度。国家食品安全总体情况、食品安全风险警示信息、重大食品安全事故及其调查处理信息和国务院确定需要统一公布的其他信息由国务院食品安全监督管理部门统一公布。食品安全风险警示信息和重大食品安全事故及其调查处理信息的影响限于特定区域的，也可以由有关省、自治区、直辖市人民政府食品安全监督管理部门公布。"

（5）食品召回责任保险制度。食用产品召回责任保险（食品召回责任保险）是以食品召回责任保险的被保险人对第三者依法应负的赔偿责任为保险标的的保险。全国共有食品生产加工企业44.8万家。其中，规模以上企业2.6万家，产品市场占有率为72%，产量和销售收入占主导地位。可以考虑在便于监管的2.6万家食品生产企业中加大宣传，实施食品召回责任保险制度，帮助食品生产者分散风险，促使其主动召回有问题的食品。

（6）惩罚性赔偿制度。我国食品安全法中的惩罚性赔偿制度是基于行为人的恶意行为或者重大过失行为，为了追求遏制效果，处罚行为人，对受害人提供法律救助，由法院在判令行为人支付补偿性赔偿金的同时，依法判令行为人另行支付补偿性赔偿以外赔偿的制度。食品安全法中的惩罚性赔偿制度对某些食品安全生产者不重视产品质量，忽视消费者人身安全，生产不合格甚至是危险产品，制造和销售假冒、伪劣甚至有毒的食品致使消费者伤亡的，除了其生产的食品应当召回外，对食品安全事件的肇事者应依法处以重罚，包括惩罚性赔偿制度的适用和依法追究刑事责任。

（7）食品安全风险监测制度。食品溯源制度是食品召回制度的基础，食品安全标准制度是实施食品召回制度的依据。食品召回责任保险制度是食品召回制度在我国充分发挥作用的保障。配合使用这些制度，有助于鼓励生产经营者主动召回有问题的食品，达到防止、控制和消除食品污染以及食品中有害物质对人体的危害，预防和减少食源性疾病的发生，保证食品安全，保障人民群众生命安全和身体健康的目的。与食品召回制度相关的法律制度对保证我国食品召回制度实施具有重要意义。

第四节　行业协会参与食品安全风险监管

一、行业协会参与食品安全风险监管的依据

自 1981 年中国食品工业协会在北京成立以来，全国各地、各食品行业相继建立起了自己的行业协会组织。2004 年，《国务院关于进一步加强食品安全工作的决定》（国发〔2004〕23 号）明确提出，要充分发挥行业协会和中介组织的作用。2009 年颁布的《中华人民共和国食品安全法》则首次从国家立法层面明确规定，食品行业协会应当加强行

业自律，支持和鼓励社会团体、基层群众性自治组织以及新闻媒体等社会性力量参与食品安全治理。党的十八大"关于社会组织建设与发展"部分这样论述："要围绕构建中国特色社会主义社会管理体系，加快形成党委领导、政府负责、社会协同、公众参与、法治保障的社会管理体制，加快形成政社分开、权责明确、依法自治的现代社会组织体制，加快形成源头治理、动态管理、应急处置相结合的社会管理机制。"《人民法院落实〈领导干部干预司法活动、插手具体案件处理的记录、通报和责任追究规定〉的实施办法》（法发〔2015〕10 号）第五条规定："党政机关、行业协会商会、社会公益组织和依法承担行政职能的事业单位，受人民法院委托或者许可，可以依照工作程序就涉及国家利益、社会公共利益的案件提出参考意见……"由此可见，食品行业协会作为政府与市场的桥梁，可以弥补政府监管的不足，作为政府监管的补充，有助于形成政府与其他治理主体的多元共治合力。

从相关资料来看，我国食品行业协会的职能主要体现在收集公布行业信息、协助政府制定相关监管政策和标准，以及维护行业稳定持续发展等方面。我国食品安全政府监管存在的局限主要有：①信息障碍。与普通消费者一样，政府食品安全监管部门事前也难以获取完备的食品质量信息。加之食品生产企业数量众多，在现代食品加工工艺日益复杂、食品品种不断增加的情况下，政府面临巨大的信息成本，监管难度日益增加。②监管标准问题。与食品生产企业相比，政府信息滞后，监管标准经常赶不上不法企业迭代更新的速度。我国发生的严重的食品安全事件，绝大多数是食品监管部门的检测范围长期不更新不发展，在新的作弊手法面前观测失灵导致的。①

---

① 孙娜，孙绍荣，曹卫．我国食品安全监管制度建设：基于制度工程学视角［J］．企业经济，2019（7）：154-159.

二、行业协会参与食品安全风险监管的实践

（一）案例介绍

结合实践中的案例，探讨食品行业协会参与食品安全风险治理。

案例1　北京三中院判决徐某诉汤臣倍健公司产品责任纠纷案①

基本案情：徐某购买了汤臣倍健公司生产的葛根提取物片、胶原蛋白片、苹果醋咀嚼片、左旋肉碱片若干。徐某认为，汤臣倍健公司虽取得了产品名称为糖果制品（糖果）的全国工业产品生产许可证，但其取得的食品生产许可证副页载明的申证单元为糖果，食品品种明细为糖醇片，而涉案产品外包装均未标明糖果或糖果制品，超出了许可证副页载明的品种明细范围。据此，徐某认为涉案产品属无证生产，不符合食品安全标准，要求汤臣倍健公司承担十倍赔偿责任。

北京市朝阳区人民法院审理后认为涉案产品属无证生产，判决汤臣倍健公司承担十倍赔偿责任。汤臣倍健公司不服，提起上诉。北京市第三中级人民法院于2016年1月4日判决认为，食品是否符合食品安全标准的认定，不宜简单以食品生产者是否取得食品生产许可为依据。在有权行政机关已对涉案产品不属于无证生产作出认定，且其认定未经法定行政程序或行政诉讼予以撤销的情况下，民事法官不得以自由心证逾越突破。遂判决撤销一审判决，驳回徐某的诉讼请求。

案例2　龙某诉河北聚精采电子商务股份有限公司北京分公司买卖合同纠纷案②

基本案情：2014年9月4日，龙某从河北聚精采电子商务股份有限公司北京分公司（以下简称"聚精采公司"）经营的电子商务网站

---

① （2015）朝民初字第13290号、（2016）京03民终114号。

② （2014）朝民（商）初字第39866号、（2015）三中民（商）终字第06181号。

"采采网"购买了香菊礼盒 20 盒、单价 436 元，黑加仑葡萄干 10 罐、单价 130 元，总价 10020 元。其中：香菊礼盒为纸箱包装，内外包装均未标注食品生产许可证号；黑加仑葡萄干为玻璃瓶包装，标签上标注有保质期，但无论是玻璃瓶体还是标签的任何部位，均未打印或标注具体生产日期。法庭辩论终结前，聚精采公司未能证明香菊礼盒实际获得了食品生产许可证，亦未能提交证据证明香菊礼盒实质上是安全的并符合获得生产许可证的安全生产要求。龙某以聚精采公司销售明知是不符合食品安全标准的食品为由诉至法院，要求聚精采公司退还货款 10020 元并按照商品价款十倍的标准支付赔偿金。聚精采公司抗辩称，涉诉食品仅存在标签瑕疵，并非不符合食品安全标准的食品，且食品的标签瑕疵属于生产者的责任，聚精采公司对该瑕疵并不"明知"。

法院生效裁判认为：本案的争议焦点为聚精采公司是否销售明知不符合食品安全标准的食品。《食品安全法》第四十二条规定，预包装食品的标签应当标注生产许可证编号、生产日期。本案中，涉诉食品未标注生产许可证编号且未获得生产许可证，虽然实质上未必属于不安全食品，但经营者未能举证证明该食品实质上是安全的并符合获得生产许可证的安全生产要求，且该食品形式上违反了《食品安全法》关于食品生产应当获得生产许可证、食品应当标注生产许可证编号的规定。生产许可证是食品生产和流通的前提，是食品符合食品安全标准的一项重要表征，在预包装食品标签上未标注生产许可证编号的行为可能会对消费者造成误导进而影响消费者对食品安全的判断，因此经营者销售未取得生产许可证的食品应认定为销售明知是不符合食品安全标准的行为。

案例 3　广州市广百太阳新天地商贸有限公司与冯某产品责任纠纷上诉案①

基本案情：2013 年 5 月 4 日，冯某在广百太阳新天地公司处购买了

---

① 广东省广州市中级人民法院民事判决书（2014）穗中法民一终字第 5716 号。

4盒广州市天信有限公司生产的"普洱茶王",单价800元/盒,共计人民币3200元。该"普洱茶王"在外包装上标明的生产许可证编号为×××。冯某经调查发现,涉案产品上所标注的生产许可证不含生产普洱茶的许可,遂以涉案产品无证生产、违反《食品安全法》的规定为由提起本案诉讼。

一审法院:涉案产品的外包装上印刷的生产许可证号为QS440114010040。广州市质量技术监督局作出的(2013第05-答)答复中,答复该生产许可证的许可产品未包含"普洱茶"。虽然"普洱茶"与"黑茶"均为发酵茶,在生产工艺和茶色等方面均较为接近,在民间有将两者混同的情况,但生产许可证上的产品名称应以相关管理部门的认定为准。国家对生产含茶制品实行食品生产许可证制度,涉案产品标注的生产许可证并不包含"普洱茶",故涉案产品属于无证生产,且广百太阳新天地公司没有提供涉案产品质量检验合格的证明。综上,依法认定涉案产品为不符合食品安全的产品。

二审法院:通过食品许可证或质量检查合格证,可以判断涉案产品是否符合食品安全的界定。涉案产品的外包装显示,其品名为"普洱茶王",配料为云南普洱茶,生产许可证号为QS440114010040。对于该生产许可证的内容,广州市质量技术监督局于2013年4月3日作出的(2013第05-答)答复中已经明确该编号的生产许可证的许可产品未包含"普洱茶"。广百太阳新天地公司提交的食品流通许可证和食品生产许可证查询结果均不能证明其所主张的该许可证包含了"普洱茶",而且其提交的检验报告中所检产品在生产日期、产品标准号等方面均与涉案产品不同,即广百太阳新天地公司提交的证据不足以证明涉案产品取得了食品许可证或质量检验合格证。因此,原审法院依法认定涉案产品为不符合食品安全的产品并无不当,本院予以确认。

（二）食品生产许可证与食品安全标准的关系

前面三个案例均涉及食品生产许可与食品安全标准的关系，以及食品生产者是否取得食品生产许可与其生产的食品是否符合食品安全标准的关系问题。

1. 无证生产食品是否意味着食品不符合食品安全标准

刘艳辉认为，食品生产许可与食品安全标准分属不同的范畴。食品生产者是否取得食品生产许可与其生产的食品是否符合食品安全标准不具有必然联系。《食品安全法》第三十五条第一款规定："国家对食品生产经营实行许可制度。从事食品生产、食品销售、餐饮服务，应当依法取得许可。"我国对食品生产者以行政许可方式严控市场准入，食品安全固然是其中重要考虑因素，旨在确保食品生产者具备生产符合食品安全标准食品的条件，但食品生产许可作为事前控制措施，尚需事中及事后其他措施与之配合，方能保证取得食品生产许可的食品生产者生产的食品符合食品安全标准。也就是说，取得食品生产许可的食品生产者生产的食品未必都符合食品安全标准；反之，未取得食品生产许可的食品生产者生产的食品未必都不符合食品安全标准。故二者不能放在同一语境下进行自然的绝对关联或做不适当的推衍。行业协会参与制定食品安全标准，对生产经营者进行宣传，有助于普及相关标准，解决实践中的问题。

2. 未经许可从事食品经营活动与生产不符合食品安全标准的食品的行为受到的法律评价是否相同

未经许可从事食品经营活动与生产不符合食品安全标准的食品的行为所应承担的法律责任不同。民事侵权领域以损害填补为原则、以惩罚性赔偿为例外，惩罚性赔偿的适用应严格囿于法定。食品生产者未经许可从事食品经营活动，确系违反法律强制性规定的行为，应承担相应的法律责任，但应承担何种法律责任，则应严格依法认定。《食品安全法》第一百二十二条规定了行政处罚措施，但并未将相对于消费者的惩罚性赔偿纳入其中，其他法律亦未做此规定。对于生产不符合食品安全标准的食品的行为，消费者可依据《食品安全法》第一百四十八条第二款的规定，要求生产者支付十倍价款的赔偿金。当然，根据食品安全法及其他法律规定，食品生产者就此还可能承担相应的行政责任，甚至是刑事责任。可见，两种违法行为受到的法律评价有别，责任相异，不可一概而论。①

3. 未取得食品生产许可证与生产的食品质量的关系

关于未取得食品生产许可而生产的食品是否符合食品安全标准，郑慧媛、黄丹②认为，既然《食品安全法》规定，对食品生产经营实行许可制度，从事食品生产就应当依法取得食品生产许可。食品生产许可属于行政管理的范畴，未取得食品生产许可而生产的食品未必都是不安全的食品，故涉诉食品未取得生产许可，未标注生产许可证编号，并不必然意味着其实质上不符合食品安全标准。但是，生产许可证是食品符合食品安全标准的一项重要表征，生产经营者应对未取得食品生产许可的理由进行合理说明，并对食品实质上符合食品安全标准承担举证责任。在案例3中，经营者在二审法庭辩论终结前未能证明涉诉食品实质上是安全的并符合获得生产许可的安全生产要求，故其应承担不利后果。此外，涉诉食品标签上未标注生产许可证编号的行为违反了《食品安全法》关于预包装食品标签应当标明生产许可证编号的规定，从形式上违反了食品安全标准，且在预包装食品标签上未标注生产许可证的行为可能会对消费者造成误导进而影响消费者对食品安全的判断，故涉诉食品

---

① 刘艳辉. 有无食品生产许可是否影响消费者主张十倍赔偿的认定 [N]. 人民法院报，2016-03-25 (6).

② 北京法院参阅案例第30号。

属于《食品安全法》规定的不符合食品安全标准的食品。需要说明的是，现行《食品安全法》第一百四十八条中也规定了惩罚性赔偿的例外情况："但是，食品的标签、说明书存在不影响食品安全且不会对消费者造成误导的瑕疵的除外。"食品生产许可是食品生产和流通的前提，与食品安全密切相关，消费者有理由相信其购买的食品系获得生产许可的安全食品，经营者销售未取得生产许可的食品会对消费者构成误导，故涉诉食品不属于"不影响食品安全且不会对消费者造成误导"的例外情况，在现行《食品安全法》下，经营者应当承担惩罚性赔偿责任。

2020 年 1 月 2 日国家市场监督管理总局颁布的、自 2020 年 3 月 1 日起实施的《食品生产许可管理办法》第四十九条规定，食品生产者生产的食品不属于食品生产许可证上载明的食品类别的，视为未取得食品生产许可从事食品生产活动。

在实践中，对于在食品安全质量管理中抽样检查合格是否就意味着符合食品安全质量标准也存在争议。

案例 4　柳州市红日牛奶场、韦某清产品责任纠纷①

柳州市红日牛奶场系个体工商户，经营者为韦某清，经营范围为饮料（蛋白饮料类）生产销售，为西船幼儿园供应奶饮品。卢某在西船幼儿园就读期间，幼儿园每日提供一瓶奶饮品。后红日牛奶场因存在违法行为受到行政处罚。卢某认为，韦某清、红日牛奶场生产不符合食品安全标准的乳饮品，并将该产品出售给西船幼儿园让卢某饮用，其行为违反了法律的强制性规定，西船幼儿园明知韦某清、红日牛奶场生产的饮品不符合食品安全标准仍然购买，应与韦某清、红日牛奶场承担连带赔偿责任，故起诉至法院。红日牛奶场及韦某清提供了在 2014 年 1 月 14 日、2015 年 10 月 19 日两次抽样检验合格的凭证。

---

① 二审民事判决书广西壮族自治区柳州市中级人民法院民事判决书（2018）桂 02 民终 2313 号。

法院裁判：根据我国《食品安全法》第五十一条、第五十条第二款的相关规定，红日牛奶场及韦某清应对其所生产的产品的检验合格情况凭证至少保留 6 个月以上，即红日牛奶场及韦某清在被柳州市柳南区食品药品监督管理局处罚时，至少应保留 2015 年 11 月 12 日至 2016 年 5 月 12 日期间的产品检验合格凭证。本案中，上诉人仅提供了在 2014 年 1 月 14 日、2015 年 10 月 19 日两次抽样检验合格的凭证，并不能提供 2015 年 11 月 12 日至 2016 年 5 月 12 日期间的产品检验合格凭证。综上，一审法院认定 2015 年 11 月 12 日至 2016 年 5 月 12 日期间的产品为不符合食品安全标准的食品，并按照红日牛奶场和韦某清各自营业的时间，依据我国食品安全法，判令其分别承担相应牛奶款 10 倍的赔偿责任。

案例 4 表明，在食品市场准入及食品质量标准管理中，食品生产许可证、食品安全标准是影响食品监管的主要问题。

（三）行业协会参与制定食品安全标准

通过查阅我国各食品行业协会的章程不难发现，这些章程多是强调协会应具备哪些职能，而没有明确实现其职能的具体措施。[①] 2018 年修正的《食品安全法》第九条对食品行业协会的权利义务进行了规定："食品行业协会应当加强行业自律，按照章程建立健全行业规范和奖惩机制，提供食品安全信息、技术等服务，引导和督促食品生产经营者依法生产经营，推动行业诚信建设，宣传、普及食品安全知识。"行业协会可以通过参与制定食品安全标准参与食品安全风险治理，发挥生产者和政府监管部门之间的桥梁作用。

---

① 汪亚峰，熊婷燕. 行业协会参与我国食品安全治理探讨 [J]. 江西社会科学，2020（9）：224-230.

第五节　政府以参与者身份进行食品安全风险监管

一、食品召回责任保险的内涵

（一）与食品召回责任保险有关的认识

就整个人类的认识能力而言，对客观世界的认识存在局限性，食品的生产者、经营者和消费者都不能克服人类认识的局限性。经营者在经销食品的过程中，不可能对食品原材料的所有物理、化学、生物等属性完全了解。食品生产者在生产过程中，在某种物质特性尚未被人们了解的时候，也不可能对其将会产生的负面影响采取有效的防范措施。消费者在消费的过程中，同样不能完全了解食品可能带来的危害。现代科学技术日新月异，食品安全检测技术也在不断进步，在采用新技术、新工艺生产食品时不能发现的可能危及人身健康的情况，随着科技的发展可能逐渐被发现。

1. 食品召回制度

为了避免和减少不安全食品的危害，保护消费者的身体健康和生命安全，就需要对不安全的食品实施召回。在食品召回中，食品生产经营者应当依法承担食品安全第一责任人的义务，要建立健全相关管理制度，收集、分析食品安全信息，依法履行不安全食品的停止生产经营、召回和处置义务。从食品召回活动来看，召回的费用最终是由食品生产者承担的，流通环节的人承担的是替代责任。由此，我们可以说相关的法律规范赋予食品生产者更重的责任。实施食品召回，食品生产者需要支付为检查、回收或销毁不安全食品而产生的合理、必要的费用。很显然，这笔费用对生产者来说是巨大的。有关资料表明，欧美国家普遍实行产品召回制度，企业常常面临着产品召回风险。美国消费品安全委员会 2002 年发出的召回令达 340 起，涉及 5000 万件产品，并且数字有逐年增加之势，企业召回支付的平均费用则达 100 万美元。[①] 由于产品召回成本高，单靠生产商和销售商自身的实力难以承受，国外通常的做法是购买召回保险来转嫁召回成本。比如，沃尔玛等世界零售业巨头基本都要求供货厂商购买责任保险，而一些高风险产品的召回保险更要写进购货合同中。因此，来自欧美的商家一般会要求出口企业出具产品责任保险甚至召回责任保险。[②]

2. 产品责任保险

产品责任保险与产品召回责任保险同属责任保险范畴。产品责任保险主要承保被保险人因其所制造或销售的产品质量有缺陷，导致消费者、用户或其他人遭受人身伤亡或财产损失，依法应由制造者、销售者或修理者承担的经济赔偿责任[③]。随着科学技术的不断发展，产品开发和使用过程中的风险也在不断增加，产品缺陷等不安全因素不断增多。由于产品制造商和销售商的赔偿责任不断增加，责任保险适用范围也相应不断扩大。产品召回责任保险的主要内容是承保有缺陷的被保险产品由于已经导致或可能导致他人人身伤害或财产损失而必须召回所产生的"召回费用"。

产品责任保险与产品召回责任保险是有区别的。首先，产品责任保险的产生早于产品召回责任保险。其次，产品责任保险保障的是制造商与经销商在消费者因使用其产品而遭受身体伤害或财产损失时应承担的

---

① 王贺洋，曹繁有. 论我国产品召回制度的完善 [J]. 行政与法，2005（12）：95-97.
② 仝春建. 保险制度也是产品召回中的重要一环 [N]. 中国保险报，2007-09-07.
③ 张洪涛，王和. 责任保险理论、实务与案例 [M]. 北京：中国人民大学出版社，2005：51.

法律责任，保险标的限于赔偿责任；而产品召回保险保障的是有缺陷的被保险产品，由于已经导致或可能导致他人伤害或财产损失而必须召回所产生的"召回费用"或损失。

（二）食品召回责任保险

食品召回责任保险是以食品召回责任保险的被保险人对第三者依法应负的赔偿责任为保险标的的保险。食品生产及流通领域各个环节的单位都面临食品召回风险，因此，食品的生产商、批发商、出口商、外国进口商、零售商等单位都有购买食用产品召回保险的需求，都可能成为食品召回责任保险的被保险人。

食品召回责任保险承保的是因食品召回而受到的损失。对于食品召回所造成的损失是否属于可保风险，学者们有不同的看法。有的学者认为，产品召回所造成的损失不属于保险范围，是因为确保产品的安全性是制造者的责任，回收和改进的费用可视为研究和发展甚至生产的费用。这些费用不属于保险的范围，所以产品回收的费用也不在保险范围内。当然，保险公司对产品回收以前所造成的人身伤害和财产损害仍负赔偿之责，但保单不负赔偿回收翻新或重置的费用。在保险领域，这属于商业风险，不属于可保风险。有的学者则认为，在现代社会中，损害赔偿不再是单纯的私人纠纷问题，同时也是社会问题。这样，就必须兼采其他法律部门中适宜的法律手段，组成一套综合的调整机制，于是就有了责任保险及其他损失保险的发展以及相关法律规范的完善。有的学者认为，根据侵权行为法，责任人应当自己承担赔偿责任，"在改正正义观念下，过错是这种转移的正当性所在。但是，在现代社会中，当事故是由于某种潜在的风险所招致的，它们已经失去了在道德上的可谴责性。由于这些风险活动对整个社会是有益的，因而让整个社会至少是让这种活动的全体受益者来承担这潜在风险的成本，让从事这种活动的个人遭受责任的打击更显得符合社会正义的要求"。① 我们认为，食品召回保险损失属于可保风险。

食品召回责任保险保障的是"召回"的相关费用或损失。"召回费用"是指自召回日起被保险人为检查、回收或销毁被保险产品而发生的合理并且必要的费用。在实践中，我国食品召回责任保险大多赔偿被保险人由于食品的意外污染、恶意损坏、食品索赔所引起的损失。食品污染是指产品在生产、加工、包装等过程中发生污染，可能对消费者人身安全造成危害，而对产品进行直接销毁或者进行回收。食品索赔是指因产品遭人勒索而支付的赎金以及其他合理费用，包括为试图谈判解决产品勒索事宜发生的费用等。

食品召回责任保险的被保险人对第三者依法应当负的责任是指由于不安全食品的召回所引起的赔偿责任。我国2020年修订的《食品召回管理规定》第二条规定："不安全食品是指食品安全法律法规规定禁止生产经营的食品以及其他有证据证明可能危害人体健康的食品。"

二、食品召回责任保险的功能

（一）分散责任

食品召回责任保险是产品责任保险的一部分，是产品责任保险的附加险。食品召回责任保险将集中于一个食品企业的因不安全食品召回的责任分散于社会大众，实现赔偿社会化，并由责任保险人赔偿被保险人（食品生产、销售企业）因食品召回而受的损失。

（二）安定社会秩序

通过食品召回责任保险，食品生产者将食品召回的损失转嫁给社

① 李清伟. 侵权行为法与保险制度的法理学：比较法研究［D］. 北京：北京大学，1998：54.

会，从而增强了食品生产、销售企业的损害赔偿能力，在一定程度上避免了因受害人不能获得实际赔偿所引发的各种问题，满足了受害人的赔偿利益，安定了社会秩序。

（三）推动现代科学技术发展

食品召回责任保险的保险人可以根据约定享有抗辩的参与权或者直接承担抗辩权，这在一定程度上减轻了食品召回责任保险被保险人的抗辩负担，有利于鼓励被保险人从事开创性活动，从而促进科学技术的发展。

三、食品安全监管部门参与，促进食品召回责任保险作用的发挥

在现实中，召回的费用高，企业不堪重负。联合利华亚洲区质量保障食品总监 Chris Trevena 认为："对于食品企业来说，和其他紧急事务或灾害相比，产品召回更可能是一种危机。"① 食品召回责任保险有利于满足食品生产者和销售者转移风险的需要，为食品生产者、销售者提供保险保障，食品生产者、销售者可以以此拓展商机，推动国际贸易发展。

食品召回责任保险有利于保护消费者的合法权益。从消费者角度来看，他们会担心购买了被召回的食品无法获得赔偿。食品召回责任保险有利于提升被保险人的赔偿能力，使受害人及时获得赔偿，从而保护消费者的合法权益，保障社会大众的身体安全。

对食品生产者或销售者而言，一旦启动食品召回，他们将不得不为此耗费巨资进行回收。通过食品召回责任保险，食品生产者不仅能得到资金支持，还能得到专业的应急策略指导，甚至是以正确的方式面对公

---

① TREVENAC. 以危机管理掌控食品召回 [J]. 中国食品工业，2005（12）：24-25.

众、政府乃至销售链中各个环节的指导，用最低的成本减轻食品召回对企业的影响，为企业的发展提供保障。

食品召回责任保险有利于促进食品安全监管。食品召回责任保险在一定程度上可以鼓励食品生产者主动召回：保险人和被保险人可以约定食品召回责任保险的保险范围，在一定程度上消除食品生产者实施食品召回的顾虑；还可以约定相关的费用，如向独立的安全、公共关系或产品召回专业顾问咨询的费用，被保险人的经销商等第三方因召回而发生的相关费用，为恢复生产商召回发生前合理预计的市场份额而发生的费用，因召回事件导致的直接销售净利润损失，第三方要挟改造产品而向生产商敲诈勒索的费用，并非因为产品有缺陷或已致害而是政府强制生产商召回产品所产生的费用等。由于食品召回责任保险可以转嫁被保险人的食品召回风险，对于经食品安全危害调查和评估被确认属于生产原因造成的不安全食品，食品生产者就有积极性启动召回程序。食品召回责任保险有利于预防不安全食品引起的损害的扩大，与风险管理的最优化目标一致，与政府食品安全风险监管的目标一致。

"召回是一把双刃剑。"召回制度的启动，一方面，可以彰显食品生产企业承担社会责任的信心；另一方面，食品企业也可能因召回而承担巨额费用。召回责任保险在消除食品召回制度对食品生产者不利影响的同时，还能够促进与食品召回相关的制度的完善。当然，食品召回责任保险单独实施无法取得最佳食品安全风险治理效果，建立与食品召回责任保险相关的法律制度，对于保证我国食品召回制度的实施具有重要意义。

第六章

社会共治:

多元共治食品安全风险监管缝隙弥补

第一节　多元主体采用多种方法进行食品安全风险监管

一、多元主体共治食品安全风险的必要性

食品安全风险共治主体是多元的，从某种意义上说，食品市场中最主要最直接的主体是食品生产经营者和食品消费者。食品生产者是食品安全风险的制造者，食品消费者是食品安全风险的最终承受者。食品安全监管在相当程度上矫正了食品生产经营者的失范行为，然而，"在食品安全监管过程中，绝对监管权力的执行属于政府，但仅凭政府单方面的力量，难以摆脱由于监管权限模糊导致的公权力的滥用和行政效率低下的锁定状态"。[①] 不仅如此，食品安全监管还很难覆盖全部食品及食品的全部环节，监管的滞后性也制约了其保障食品安全的效果。政府食品安全监管部门对食品生产经营者行为的矫正并非意味着政府与生产者之间是对立的关系，食品生产者的自律，食品消费者的食品安全自觉意识的增强，或者在政府监管部门参与下食品生产者与消费者、其他食品安全风险控制主体的协作，可以在相当程度上弥补食品安全风险监管本身存在的不足。

---

① 周奕. 制度伦理视域下的食品安全监管伦理学研究 ［J］. 伦理学研究，2012（6）：18-22.

二、多元主体共治食品安全风险的可行性

食品安全是生产出来的。因此，食品生产经营者承担了保障食品安全的法律义务，并且基于此义务的违反而承担相应的法律责任。食品安全也是食品生产经营者存在的基础和保障。食品生产经营者忽视食品安全，最终可能破坏自身存在的基础。从这个意义上说，食品生产经营者应当自觉承担保障食品安全的责任。

世界是相互联系的整体，没有任何东西是纯粹属于你自己的，社会或作为其利益代表的法律与你如影随形。在任何地方，社会都是你的伙伴，希望与你分享你所拥有的一切，你的自身，你的劳动力，你的身体，你的孩子以及你的财富。（耶林语）[①] 消费者是食品市场最主要的主体，其行为应当被看作社会行为，也必须遵守关系到食品安全的基本道德要求，应坚持健康的饮食方式，不断增强食品安全意识和自我保护意识。

从消费者角度看，消费者信任的缺乏是市场不能提供安全食品的不可忽视的原因。食品安全信息的不平衡分布导致食品生产经营者有机会获得食品安全信息，相对于食品生产者而言，食品的购买者处于劣势地位，只能完全基于信任而购买。

尽管如此，食品生产者与消费者并不是对立的。从食品生产者角度看，不管是基于食品满足生存的最基本的需求，还是社会发展进程中食品的功能的更新迭代，获得安全的食品是消费者最基本的期待，至少是在社会成员可以接受的风险范围内提供安全的食品。保障食品安全不仅是食品生产经营者的食品安全社会责任的基本要求，也是食品生产经营者的法定义务。

---

① 耶林语．转引自朱庆育．意志抑或利益：权利概念的法学争论［J］．法学研究，2009（4）：189-190．

从食品安全监管角度看，不管考虑人力、物力还是任何其他因素，持续的监管可能都难以保证。因此，必须寻求更有力、更有效的途径。在市场存在的领域，经济法的基本任务就是消除影响市场成功的各种因素，保障市场更充分地发挥作用。① 食品安全问题是个复杂的社会问题，需要多方采用多种方法共同治理。

第二节　多元共治下的食品安全教育

一、食品安全教育的内涵

食品安全教育是为了预防和控制食品安全风险，保障食品安全及人民群众生命安全和身体健康，增强人民群众体质，在食品生产、流通、消费、信息传播以及食品安全监管等环节，有目的地引导食品安全的参与者接受食品安全相关知识的活动。在我国，对食品安全教育的研究是与探求解决食品安全问题的方法相伴而生的。"食品安全教育"一词是在 1993 年伊冰的一篇文章中提到的。2004 年 5 月全国食品安全宣传活动周在北京拉开序幕，2011 年发布的《食品安全宣传教育工作纲要（2011—2015 年）》，以及 2015 年修订、2018 年修正的《食品安全法》都对食品安全教育作出了规定。2018 年修正的《食品安全法》第十条规定："各级人民政府应当加强食品安全的宣传教育，普及食品安全知识，鼓励社会组织、基层群众性自治组织、食品生产经营者开展食品安全法律、法规以及食品安全标准和知识的普及工作，倡导健康的饮食方式，增强消费者食品安全意识和自我保护能力。新闻媒体应当开展食品安全法律、法规以及食品安全标准和知识的公益宣传，并对食品安全违

---

① 许明月. 市场政府和经济法对经济法几个流行观点的质疑与反思 [J]. 中国法学，2004（6）：108-115.

法行为进行舆论监督。有关食品安全的宣传报道应当真实、公正。"这可以看作多元主体参与食品安全教育的依据。

学者对我国食品安全教育的基础问题尚未形成一致认识：第一，称谓使用的问题。在日本，"食品安全教育"以"食育"冠名，而美国则把"食品安全教育"纳入"国民教育"当中。第二，研究范畴的问题。有人认为食品安全教育属于教育学范畴，有人认为它应归属于管理学范畴。在日本、美国、加拿大、英国等工业发达国家，食品安全教育被认为是解决食品安全问题的重要手段。我们认为，食品安全教育是解决食品安全问题的方法之一。第三，主体的问题。①食品安全教育主体是仅指消费者还是指食品安全的所有参与者，即是单一主体还是多元主体？②接受食品安全教育是以社会分工，还是以主体掌握知识的有限性划分？第四，食品安全教育内容要素的问题。①食品安全教育的内容要素仅指食品安全知识，还是包括食品安全法律知识？②对食品安全教育主体是"统一"传播食品安全知识，还是因主体的不同有所区别？第五，教育手段的问题。食品安全知识是"自上而下"地灌输，还是"自下而上"地获取，抑或是两者的结合？第六，教育渠道的问题。获取食品安全知识（信息）的渠道仅指学校教育，还是社会教育，抑或是两者的结合？第七，食品安全教育的目的问题。食品安全教育的目的是解决某个食品安全问题，还是以"食品安全教育主体的食品安全意识的增强"为目的？第八，教育保障的问题。①在主体权利保障方面，当食品安全教育主体的权利得不到实现时，有无救济途径？②在食品安全教育制度的保障方面，有无对食品安全教育制度实施的保障措施？上述问题如果没有很好地解决，将会影响我国食品安全教育研究的深度。

近年来，为了应对食品安全问题，学者运用治理理论探讨食品安全风险社会共治制度的建设，研究成果丰硕，但制度实施效果不尽如人意。中消协发布的 2019 年全国消协组织受理投诉情况统计显示，食品安全仍是热点。

二、社会共治与食品安全教育

食品安全教育不是在纯粹的教育学语境下使用"教育"一词。本书将教育学中的"教育者""受教育者"统称为"食品安全教育的参与者"。食品安全教育不是具体到某个人或某个部门的事情，而是需要全社会共同参与。食品安全涉及食品"从农田到餐桌"的全过程，因此在食品安全教育中，食品安全教育的参与者除了食品生产、流通、消费环节的主要当事人外，还应当包括政府食品安全监管部门、食品行业协会、社会团体、基层群众性自治组织和新闻媒体。从某种意义上说，全民皆是食品安全教育的参与者，如图 6-1 所示。

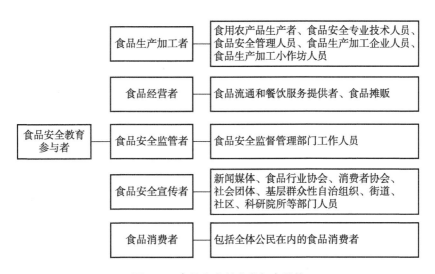

图 6-1 食品安全教育参与者结构

食品安全教育的内容应当包括安全知识和食品安全法律知识。高效的食品安全风险控制制度的形成，受以下四方面因素的影响：①主体对各自食品安全风险的了解。囿于社会分工、知识体系等，人们不可能对所有领域的知识都知晓、精通。缺乏相应的食品安全知识，就会对风险认识不清，食品安全风险控制措施就无从谈起。②多元主体对各自食品安全风险的控制。一般认为，只有每一个食品安全参与主体，即食品生产经营者、食品安全监管部门、消费者、食品行业协会、消费者协会与新闻媒体都能控制好自己那部分食品安全风险，整个社会的食品安全风险才有望得到有效控制。③多元主体参与食品安全信息交流。食品安全问题是由多种因素导致的。各主体仅控制好自己的食品安全风险还不够，还需要就各自掌握的食品安全信息在多元的食品安全参与者之间进行交流、传递，形成多元主体协作共同控制食品安全风险的"共赢"局面。④多元主体共同参与预防、控制食品安全风险方案的制定。

食品安全风险控制制度实施效果取决于以下三个方面：①多元主体对制度措施内容的知晓、理解。如果不了解相关制度措施的内容，制度就起不到规范行为人的行为的作用，还会增加制度实施成本。据法院统计，《消费者权益保护法》颁布后，市民滥用"知假买假可以获得赔偿"，使法院的受案率大大增加。②多元主体对制度运行程序内容的了解。如果不了解制度的运行程序，就不能通过法律途径保障自己的权利。③多元主体对共同规则的知晓。若要节约制度执行成本，多元主体可以共同参与制定保障食品安全风险控制方案的执行规则。

综上所述，食品安全风险社会共治制度的实效与食品安全教育有密切的关系，与多元主体的协同共治有密切关系，与多元主体共享食品安全教育成果有密切关系。遗憾的是，很少有学者运用治理理论对食品安全教育进行专门研究。我国的食品安全教育也因缺乏治理理论的指导而发展缓慢，影响了食品安全风险社会共治制度作用的充分发挥。

三、国外的食品安全教育经验

国外食品安全教育的最大特点是将食品安全教育与食品安全风险治理、食品安全立法、食品安全监管联系在一起，这样不仅可以缓解食品安全问题，还能够收到良好的社会效果。许多国家在食品安全方面做得很好，其食品安全教育功不可没。部分国家代表性立法或主管机构及其主要特点见表6-1。

表6-1　部分国家代表性立法或主管机构及其主要特点

国家	代表性立法或主管机构	主要特点
美国	1990年《营养标签和教育法》 1994年《膳食补充剂健康和教育法》 2004年《食品过敏原标签和消费者保护法》	①公开相关信息和资料保障公众知情权，积极和公众交流保障其参与权 ②注重指导公众正确理解食品标签 ③利用国家级食品安全信息网络进行教育 ④全民参与，儿童为主 ⑤开展国家食品安全月活动和食品安全教育行动计划
加拿大	1997年成立的加拿大食品检验署	①建立政府食品安全网站，及时公布食品安全信息 ②注重指导公众正确理解食品标签 ③开展国家食品安全月活动和食品安全教育行动计划 ④政府主导，多部门合作
日本	2005年《食育基本法》	①将"食育"摆在与智育、德育和体育同等重要的位置，作为生存之根本 ②国民应参加各种与食有关的体验活动 ③理解食知识，通过改变消费者行为来保障食品安全 ④传承本国、本地区饮食文化 ⑤全民参与，儿童为主 ⑥政府引导，目标管理
英国	2000年成立的食品标准局	①政府建立食品安全网站，发布各种食品信息并积极和公众进行交流 ②针对特定人群进行食品安全教育，注重维护公众健康 ③制定食品安全教育行动计划

资料来源：根据杜波的《我国食品安全教育法律制度研究》（中国政法大学出版社，2013年出版）整理。

四、多元共治下食品安全教育制度的完善

（一）政府食品安全风险监管部门在食品安全教育中发挥制度供给的作用

2018 年修订的《食品安全法》第十条规定："各级人民政府应当加强食品安全的宣传教育，普及食品安全知识。"由此可以认为，政府监管部门负有食品安全教育的职责。从国外的食品安全教育经验来看，很多国家的食品安全教育是依法进行的。我国的食品安全教育也需要有法律制度或者行动计划的指引。

（二）按食品安全相关环节分类开展食品安全教育，形成食品安全教育主体在不同环节的积极参与和有效互动

在食品安全教育活动中，传播、获取食品安全知识和食品安全法律知识这两类知识并不是截然对立、相互分开的。应根据食品安全教育参与者所处的环节，有所侧重地进行食品安全教育的互动。

1. 食品生产经营者

在生产经营环节，应结合我国的国情，对大、中型食品生产经营企业进行食品安全专业知识教育；对于小食品生产经营企业、小作坊，应着重使其掌握食品生产相关规范。在对食品经营者进行食品安全教育时，应使其了解从事经营活动的要求。在进行食品安全法律知识教育时，应使生产经营者了解我国食品安全相关法律规定。

2. 消费者

在食品消费环节进行食品安全专业知识教育时，应使消费者了解并掌握有关食物营养知识，培养尊重自然规律、健康的饮食习惯和消费观念。在进行食品安全法律知识教育时，重点应使食品消费者意识到以下

权利：获得安全食品的权利；检举、控告侵害消费者权益行为的权利；对食品安全监督管理工作提出意见和建议的权利；因食品、食品添加剂或者食品相关产品遭受人身、财产损害的，有依法获得赔偿的权利。

3. 政府食品安全监管部门

政府食品安全监管部门应承担增强消费者食品安全意识和促进消费者积极参与食品安全教育的基础性和主导性责任，在不同地区统筹安排不同种类的教育服务内容，从而保障食品教育制度发挥最大功效。

政府食品安全监管部门与其他社会共治主体一道进行食品安全教育。《食品安全法》第五十七条规定，学校、托幼机构、养老机构、建筑工地等集中用餐单位的主管部门应当加强对集中用餐单位的食品安全教育和日常管理，降低食品安全风险，及时消除食品安全隐患。

政府食品安全监管部门在进行食品安全知识教育时，应着重做到以下四点：①及时、准确地向社会公开各类食品安全信息，全面、客观地公开我国食品安全形势和发生的各类食品安全事件，使公众迅速了解事情真相，避免因无谓的猜忌导致不良的社会影响；②宣传党和政府关于食品安全的方针政策、法律法规，制定食品安全国家标准；③完善食品风险监测与评估体制，及时搜集相关风险信息并在风险评估后向社会发出食品安全预警；④公开有关部门查处违法生产经营案件的执法成果，褒奖遵纪守法行为，大力宣传遵纪守法的优秀企业、优良品牌和优质产品，曝光漠视食品安全、制售假冒伪劣食品等违法犯罪行为，提高公众对我国食品安全的信任度，增强对政府监管的信心。

4. 新闻媒体、食品行业协会、消费者协会等

新闻媒体、食品行业协会、消费者协会、社会团体和基层群众性自治组织需意识到自己有传播食品安全专业知识、法律知识的责任与义务，在进行与食品相关的宣传时，必须依照法律法规进行。《食品安全

法》第十条规定："新闻媒体应当开展食品安全法律、法规以及食品安全标准和知识的公益宣传，并对食品安全违法行为进行舆论监督。有关食品安全的宣传报道应当真实、公正。"

食品安全教育是解决食品安全问题的方法之一，需与其他食品安全风险治理措施配合使用。

（三）多种途径获得食品安全知识

一般来讲，获取知识的途径有正规教育、成人教育或技术教育。但食品安全教育是全民参加的活动，因此获得食品安全知识及食品安全法律知识的途径是多种多样的。公众的食品安全知识具有普及性、大众化的特点，应当采用多种方式进行宣传教育。

在互联网时代，食品消费安全教育模式应当与时俱进，可以运用"互联网+"思维，采用大数据技术手段确保消费者掌握食品安全知识和食品安全法律知识。在食品安全风险高发的领域，如网上订餐，应推进全国餐饮食品安全电子教育系统建设，在增强消费者食品安全意识的同时，倒逼食品生产企业主动增强食品安全意识并加大对食品安全保障的投入。

第三节　多元共治下的食品安全责任强制保险

一、责任保险与食品安全责任保险

（一）责任保险

食品安全责任保险是一种责任保险。责任保险作为一种保险业务，始于19世纪的欧美国家，到20世纪70—80年代，在工业化国家得到迅速发展。责任保险是指以被保险人依法应负的民事损害赔偿责任或经过特别约定的合同责任作为承保对象的保险。① 有的学者认为，责任保险是指被保险人依法对第三人应负的赔偿责任，在第三人向被保险人提出赔偿请求时保险人负赔偿责任的保险合同。② 有学者指出，责任保险是以被保险人依法应当对第三人承担的损害赔偿责任为标的而成立的保险合同。③ 归纳有关学者对责任保险的定义可以看出，关于责任保险的概念，学者们是从保险学与法学两个角度界定的。从保险学的角度看，注重的是保险业务。从法学的角度看，强调的是责任保险的法律性质。保险学与法学对责任保险界定的共同之处在于：保险人所承担的责任保险是以被保险人依法应对第三人的损害责任风险为保险标的的保险。我国《保险法》第六十五条规定："责任保险是指以被保险人对第三者依法应负的赔偿责任为保险标的的保险。"

　　责任保险承保的标的具有特殊性，即被保险人对第三人应当承担的民事赔偿责任。美国《财产保险法》规定，责任保险是以被保险人对第三方的人身伤害及财产损失依法应负的经济赔偿责任为保险标的的保险。④ 德国《保险契约法》第六章第一百四十九条规定："责任保险是指要保人基于保险期间内引起对第三人应负责任的事由所进行的给付，保险人有义务进行补偿的保险。"从一些国家对责任保险的法律规定可以看出，责任保险的保险目的是保障第三人即受害人的权益。因此，在食品安全问题频发的当下，研究食品安全责任保险对解决我国食品安全问题、保护消费者利益具有十分重要的现实意义。

　　产品责任保险属于责任保险范畴，主要承保被保险人因其所制造或销售的产品质量有缺陷，导致消费者或者用户或其他人遭受人身伤亡或

---

① 郑功成．任保险理论与经营实务［M］．北京：中国金融出版社，1991：1.
② 庄咏文．保险法教程［M］．北京：法律出版社，1996：139.
③ 邹海林．责任保险论［M］．北京：法律出版社，1999：30.
④ 本书译编委员会．各国保险法规制度译编［M］．北京：中国金融出版社，2000：33.

财产损失，依法应由制造者、销售者或修理者承担的经济赔偿责任。①

产品责任险起源于 1910 年的毒品责任保险。主要承保的是与人的身体健康有直接关系的产品如食品、饮食、药品等。随着科学技术的不断发展，产品开发和使用过程中的风险不断增加，产品缺陷等不安全因素也越来越多。由于产品制造商和销售商的赔偿责任不断增大，产品责任保险的适用范围也不断扩大。

（二）食品安全责任保险

食品是产品的一种。食品安全责任保险是指被保险人在保险合同列明的经营场所内生产、销售食品，或者现场提供与其营业性质相符的食品时，因疏忽或过失致使消费者食物中毒或其他食源性疾患或因食物中掺有异物造成消费者人身损害或财产损失，受害人或其代理人首次向被保险人提出索赔，保险人在合同约定的赔偿限额内负责赔偿的责任保险。② 准确地说，食品安全责任保险是食品行业的产品责任保险。食品行业的产品责任保险的内涵包括以下几点：

1. 强调以产品责任法为基础

我国尚未出台专门的产品责任法，这给食品行业产品责任保险的实施带来一定的不便。但我国《消费者权益保护法》《产品质量法》《侵权责任法》《食品安全法》中有关于产品责任的条款，加之有相关的司法解释配合，构成了较为完整的产品法律责任体系，为食品行业的产品责任保险提供了法律依据。

2. 产品责任适用严格责任归责原则

我国《食品安全法》对产品责任的归责原则做了原则性规定。《食

---

① 张洪涛，王和. 责任保险理论、实务与案例［M］. 北京：中国人民大学出版社，2005：51.

② 饶婧婧，陈婷. 应推行食品安全强制责任保险［N］. 中国保险报，2010－05－11（2）.

品安全法》第一百四十七条规定："违反本法规定，造成人身、财产或者其他损害的，依法承担赔偿责任。"对"食品责任"适用何种归责原则没有明确、具体规定。

我国《侵权责任法》第四十一条规定："因产品存在缺陷造成他人损害的，生产者应当承担侵权责任。"第四十二条规定："因销售者的过错使产品存在缺陷，造成他人损害的，销售者应当承担侵权责任。销售者不能指明缺陷产品的生产者也不能指明缺陷产品的供货者的，销售者应当承担侵权责任。"我国《产品质量法》第四十一条规定："因产品存在缺陷造成人身、缺陷产品以外的其他财产（以下简称"他人财产"）损害的，生产者应当承担赔偿责任。"第四十二条规定："由于销售者的过错使产品存在缺陷，造成人身、他人财产损害的，销售者应当承担赔偿责任。销售者不能指明缺陷产品的生产者也不能指明缺陷产品的供货者的，销售者应当承担赔偿责任。"第四十三条规定："因产品存在缺陷造成人身、他人财产损害的，受害人可以向产品的生产者要求赔偿，也可以向产品的销售者要求赔偿。属于产品的生产者的责任，产品的销售者赔偿的，产品的销售者有权向产品的生产者追偿。属于产品的销售者的责任，产品的生产者赔偿的，产品的生产者有权向产品的销售者追偿。"从《侵权责任法》和《产品质量法》的相关规定来看，我国现行的产品责任遵循的是过错责任与严格责任相结合的归责原则。借鉴欧美国家产品责任归责原则的演变，结合我国食品安全现状，我国食品行业产品责任立法应当遵循严格责任归责原则。

3. 产品责任保险补偿的对象是第三者

民事责任的首要功能是补偿受害人损失，使其恢复到损害前的状态。产品责任保险的目的之一是使受害人得到赔偿。生产经营者在食品的生产、制造、销售过程中，因违反民事义务或者侵犯他人权利而依法应当承担民事赔偿责任。在产品责任保险中，生产经营者转嫁的是民事赔偿责任。保险人承保的也是这部分民事赔偿责任。保险人根据被保险人应负责任的大小确定保险金额。

关于保险金支付方式，我国《保险法》第六十五条规定："保险人对责任保险的被保险人给第三者造成的损害，可以依照法律的规定或者合同的约定，直接向该第三者赔偿保险金。"通过食品行业产品责任保险，受害人可以及时得到损害赔偿。

4. 产品责任保险的目的是转嫁被保险人的民事责任风险

根据侵权行为法原理，责任人应当自己承担赔偿责任。如果生产经营者在食品的生产、制造或销售过程中对消费者造成损害，应承担法律责任。生产经营者投保产品责任保险的，由保险人代被保险人承担对第三人（消费者）应负的责任，即赔偿第三人遭受的损失。

责任强制保险也称强制责任保险。"强制"主要是指国家或政府采取的强制措施。责任强制保险是责任保险的一种形式。责任强制保险源于近代工业革命的危险责任思想。研究责任强制保险的学者认为，危险责任赔偿的社会化，最初的制度体现就是责任保险。

1984 年，人保武汉市分公司出具了国内第一张独立的责任保险单，承保"荷花"牌洗衣机产品责任保险和产品质量保证保险。这是我国独立的企业产品责任险的开始。目前我国尚无食品安全责任强制保险制度。相关文件指出："食品安全责任保险，是以被保险人对因其生产经营的食品存在缺陷造成第三者人身伤亡和财产损失时依法应负的经济赔偿责任为保险标的的保险。"《食品安全法》第四十三条规定："国家鼓励食品生产经营企业参加食品安全责任保险。"从强制责任保险的特征来看，它是政府食品安全监管的具体措施，其政策目标是保障第三人（公众）的利益。由于强制责任保险的产生源于国家的法律规定，当前，对我国食品安全强制责任保险的探讨焦点在于是否采用强制责任保险的险种，或者说政府是否应当推进食品安全强制责任保险的立法，以何种形式立法，以及在什么时间立法的问题上。

二、推行多元共治的食品安全责任强制保险的必要性

（一）符合解决我国食品安全问题的需要

2009 年，中国社会科学院食品药品产业发展与监管研究中心执行主任张永建指出："我国的食品安全问题主要是：第一，食源性疾病引发的食品安全问题；第二，食品生产者制假造假造成的；第三，由于管理不当所引发的食品安全问题。"[1] 针对食品生产者制假造假引发的食品安全问题，全社会给予高度重视。学者纷纷献计献策，政府食品安全监管部门实施专项措施监管。随着《中华人民共和国刑法修正案（八）》的施行，我国对食品领域犯罪的打击力度不断加大。在强大的法律威慑力下，制假造假引发的食品安全问题得到有效改善。我国主要的食品安全问题由原来的生产者制假造假转为当前的生产者不公开一些食品安全信息、消费者缺乏食品安全信息导致的食品安全问题。也就是说，主要的食品安全问题的表现形式正在悄然发生着变化。[2] 客观地说，生产者制假造假本身就是极少数现象。在强大的法律措施和政府食品安全监管措施的有效执行背景下，食品生产者制假造假不再是我国主要的食品安全问题，或者更确切地说，生产者制假造假引发的食品安全问题与消费者、生产者之间食品安全信息不对称引发的食品安全问题同时存在。构建保护消费者合法权益的相关制度应当受到充分的重视，特别是在"互联网+"时代，网上购买食品引发的食品安全信息不对称问题日益严重。

---

[1] 张永建. 客观认识我国食品安全问题 [J]. 太原科技，2009（1）：4-8.
[2] 杜波. 我国食品安全教育法律制度研究 [M]. 北京：中国政法大学出版社，2013：34.

（二）维护受害人的合法权益的需要

责任保险首先是为被保险人服务的，即责任保险保障的是被保险人即致害人的经济利益，但其社会目的却是为了保障受害人的权益。以"三鹿奶粉事件"为例，据《法制晚报》报道，石家庄中院作出裁定，终结三鹿破产程序。破产清算偿还顺序依次是员工的工资和社保、抵押债权、普通债务（包括对患儿的赔偿部分），而"三鹿"企业对普通债权的清偿率为零。这意味着遭受问题奶粉危害的近 30 万婴幼儿无法从"三鹿"企业获得任何赔偿。食品安全强制责任保险这种科学的、社会化的风险分散机制，因食品生产者参加了责任保险，只要发生的食品安全事故属于保险责任事故范围，受害人的合法权益就可以获得保障。同时，食品安全责任保险的标的是被保险人对第三人应当承担的民事责任，民事责任侧重于法律补偿价值的实现。侵权法的主要功能在于补偿受害人遭受的损失，即通过损害赔偿、恢复原状等责任方式使受害人遭受的财产或者人身损害尽可能恢复到受损害前的状态。[1] 因此，集众人之力的食品安全责任强制保险既可以补偿受害人的利益损失，还为受害人提供了索赔合法经济利益的保证，从而保护了受害人的合法权益。

（三）提升公众对食品安全监管的满意度

以前发生食品安全问题、涉及巨额赔偿时，不仅存在"企业出事，政府买单"的怪现象，还会引发公众对政府食品安全监管的质疑。其结果是：一些重大的食品安全事故虽然明确了责任企业和责任人，但由于责任人个人甚至整个责任企业的经济能力有限，无力赔偿，使得最后责任实际上落在了政府身上，加重了财政负担。公众对食品安全问题的处理不满会导致其对政府食品安全监管的满意度降低。

---

① 张新宝. 侵权责任法原理［M］. 北京：中国人民大学出版社，2005：21.

2013 年 10 月 10 日，国家食品药品监管总局向国务院报送的《食品安全法》（修订草案送审稿）第六十五条规定："食品安全责任强制保险具体管理办法由国务院保险监督管理机构会同国务院食品药品监督管理部门制定。"推行食品安全责任保险是政府食品安全监管职责。国外经验表明，随着社会经济的不断发展，责任保险已经成为处理社会危机的一种重要方式，以及政府履行社会管理职能的重要辅助手段之一。① 构建食品安全强制责任保险制度，可使相关各方在食品安全责任事故发生后"有章可循"，"政府买单"的情况有可能得到缓解，还可以提升公众对食品安全监管的满意度。

（四）有助于生产经营者是食品安全责任第一责任人理念的形成

我国《食品安全法》第四条规定："食品生产经营者对其生产经营食品的安全负责。食品生产经营者应当依照法律、法规和食品安全标准从事生产经营活动，保证食品安全，诚信自律，对社会和公众负责，接受社会监督，承担社会责任。"但是，仅仅依靠法律的强制手段促使企业树立食品安全第一责任人的理念显然不是很现实。在实践中，被保险人因为投保食品安全责任保险而故意降低其注意程度，以至于造成损害发生的实例并不常见。大多数食品生产经营者会很重视企业形象，并着力打造良好的社会声誉。食品安全责任强制保险能够促使企业在行为时尽可能履行注意义务，防止损害的发生。

三、推行多元共治的食品安全责任强制保险的可行性

食品安全责任保险涉及保险公司以及食品生产者、销售者、消费者等当事人。本书从多元共治食品安全责任保险当事人的角度探讨食品安全责任强制保险，对政府是否推行食品安全责任强制保险有积极的参考

---

① 张新宝．侵权责任法原理［M］．北京：中国人民大学出版社，2005：21.

意义。

（1）从保险公司的角度。

产品责任保险业务涉及生产、配送、销售等多个风险环节，甚至事故发生之后的诉讼介入，因而需要保险公司具备相当专业的风险管理水平。目前，大部分中小财险公司尚不具备这种专业实力，没有单独设立责任保险部门。即便现在有食品生产企业想要投保食品安全责任保险，也很难获得专业的风险服务，这可能也是目前该险种投保率偏低的原因之一。各保险公司的经营方针存在差异，在保险内容的规定上多考虑公司的利益。各个保险公司出于各自经营方针、策略上的考虑，在其保险条款中对投保人的约束较多，而对保险公司自己应当承担的保险责任、赔偿条件、赔偿的期限、违规后应当承担的责任则含糊其词，给食品安全责任保险的推行带来困难。

（2）从食品企业投保产品责任保险的角度。

根据调查，大型食品安全事故爆发后，食品生产及销售企业以及保险中介向保险公司进行产品责任保险的咨询数量较以往增多，但企业投保的比较少。在投保产品责任保险的客户中，大多为合资或外资食品企业，中资食品企业投保积极性不高。究其原因，大致有两个：①投保的费用是负担。2007年，国务院发布的《中国的食品质量安全状况》白皮书的统计显示："目前，全国共有食品生产加工企业44.8万家。其中规模以上企业2.6万家，产品市场占有率为72%，产量和销售收入占主导地位；规模以下、10人以上企业6.9万家，产品市场占有率为18.7%；10人以下小企业小作坊35.3万家，产品市场占有率为9.3%。"[①] 对规模以下的食品企业来说，投保产品责任保险需要一笔不小的费用，许多食品企业不愿投保。一项统计显示，中国企业的责任险投保率为4%，远远低

---

① 中华人民共和国国务院新闻办公室. 中国的食品质量安全状况［R/OL］. http：//gov.cn/gongbao/content/2007/content_ 764220. htm.

于国际平均水平（15%）。②食品企业缺乏风险管理意识。多数食品企业，尤其是规模以下的食品企业，没有意识到通过责任保险这种手段可以分散和转移生产经营中的风险。许多企业抱有侥幸心理，不注意企业安全风险防范。当风险发生后，企业因没有投保，不得不独自承受损失。例如，中国台湾某食品公司因出口至美国的果冻没有充分的产品说明，先后在三次诉讼中败诉，分别赔偿1670万美元、5000万美元和5000万美元后倒闭。①

（3）从公众对食品安全责任保险的认识角度。②

公众认识不足，可能导致社会对食品安全强制保险的不重视、误解，从而对该险种的社会接受程度等产生影响。

（4）从"强制保险"的立法角度。

强制保险的"强制"突出表现为国家对个人意愿的干预，因此，强制保险的范围应当严格受法律、法规的限制。在关于我国食品安全责任保险的探讨中，需要解决食品安全责任的确定有无法律规定、适用何种归责原则、食品安全责任承担的主体是谁以及食品安全责任的赔偿范围是什么等问题。由此可见，推行食品安全强制责任保险在立法方面还有很长的路要走。

综上所述，虽然从保险公司、食品生产企业、社会公众的角度看，食品安全责任强制保险的推行存在困难，但从另外一面也可以看出，食品安全责任强制保险的推行具有可行性。如何针对我国食品生产者的实际——规模以下的食品企业占全国食品生产企业的28%③，如何发挥保险公司的创新积极性——有条件的保险公司开设食品安全责任保险险

① 李芷晴. 果冻噎死人，产品责任保险保不保 [J]. 现代保险杂志，2003（178）：86-87.
② 许丹娜，刘天舒. 我国食品安全强制保险探析 [J]. 华北电力大学学报，2012（4）：61-64.
③ 中华人民共和国国务院新闻办公室. 中国的食品质量安全状况 [R/OL]. http：//gov. cn/gongbao/content/2007/content_ 764220. htm.

种，如何提高消费者的食品安全意识——促使消费者依法维护合法权益，是多元共治食品安全责任强制保险亟待解决的问题，而制定责任保险法律、法规条文本身可能并没有那么急迫。

四、政府推行食品安全责任强制保险的理由

（一）食品安全风险具有可保性

"无风险则无保险"，我国的食品安全风险是一种责任风险。责任风险是指行为主体（公民、法人或国家）因疏忽行为、过失行为或故意行为造成他人的财产或人身伤亡以及精神损害，根据法律规定必须负有经济赔偿责任或其他责任（行政责任、刑事责任）的不确定性，实质上是指与责任有关或由责任引起的损失的不确定性。[①] 进入 20 世纪以来，随着科学技术的不断进步，人类在创造现代文明的过程中也孕育着更大的危险。

现代工业社会的主要意外灾害包括工业灾害、汽车事故、环境污染公害、商品瑕疵等。这些意外灾害具有四个方面的基本特征：①造成事故的活动皆为合法而必要；②事故发生频繁，每日有之，连续不断；③肇事的损害异常巨大，受害者众多，难以防范；④加害人是否具有过失，被害人难以证明。[②] 食品安全风险符合这四个特征，具有可保性。在实践中，有的保险公司承保食品安全责任险，为食品安全责任强制保险提供了现实依据。例如，长安责任公司在保险条款第四条中对该险种作出了较为详细的规定："在保险期间或保险合同载明的追溯期内，被保险人在保险合同列明的经营场所内生产、销售食品，或者现场提供与其营业性质相符的食品时，因疏忽或过失致使消费者食物中毒或其他食

---

① 许飞琼. 责任保险［M］. 北京：中国金融出版社，2007.
② 王泽鉴. 侵权行为法之危机及其发展趋势：民法学说与判例研究：第 2 卷［M］. 北京：中国政法大学出版社，1997.

源性疾患，或因食物中掺有异物，而造成消费者人身损害或财产损失的，保险人根据本保险合同的规定，在约定的赔偿限额内负责赔偿。"

（二）具有基本的政策依据和法律依据

我国各级政府都很重视食品安全问题，也在不断强化相关部门和企业的责任意识。2006年6月16日，国务院下发了《国务院关于保险业改革发展的若干意见》（国发〔2006〕23号），明确提出：要加快保险业改革发展，积极引入保险机制参与社会管理，有效化解社会矛盾和纠纷，完善社会化补偿机制；大力发展责任保险，健全安全生产保障和突发事件应急机制；采取市场运作、政策引导、政府推动、立法强制等方式，发展安全生产责任、产品责任等保险业务。可保的责任风险是一种法律责任风险。责任保险的保险标的是被保险人对第三人应当承担的民事责任。相关的政策与法律为构建我国食品安全强制责任保险制度提供了依据。

（三）有助于保护消费者权益，实现政府食品安全风险监管目标

一般来说，一国的法律制度要实现两个目标：①通过各种民事法律制度与经济法律制度保障受害人利益；②通过刑事法律制度等来惩罚致害人。食品生产者投保责任保险以后，只要食品安全事故属于保险责任事故范围，受害人的合法权益就能得到保障，相关的法律制度自然也会得到贯彻执行。推行食品安全责任强制保险有助于保护消费者权益，实现政府食品安全风险监管目标。

（四）符合强制责任保险立法的趋势

从世界范围看，随着强制保险险种的不断增加和承保范围的不断扩大，强制保险保障的领域呈现不断扩大趋势。目前，法国约有80多种民事强制责任保险，德国约有120种强制保险。在美国和我国台湾地区，食品安全强制责任保险制度已经趋于成熟。我国现行法律除了机动

车交通事故责任强制保险，还有强制油污染民事责任保险、强制井下职工意外伤害保险、强制危险作业职工意外伤害保险等七种强制保险，强制保险类别很少，涉及范畴极小。[①] 我国台湾地区 2002 年施行的"食品卫生管理法"第二十一条规定，"经主管机关指定种类、规模的食品业者，应投保产品责任保险"，保险金额由主管机关会商有关机关后决定，具体投保范围由主管机关以公告形式指定。借鉴完善的制度经验，建立我国的食品安全责任强制保险制度，符合责任强制保险立法的趋势。

（五）有助于政府履行管理职能的转变

国外经验表明，随着社会经济的不断发展，责任保险已经成为处理社会危机的一种重要方式，以及政府履行社会管理职能的重要辅助手段之一。[②] 食品安全责任保险既是对企业出现食品安全事故后能够进行有效率的赔偿的一项保障，也是食品安全的一道"特别"过滤环节。食品安全责任强制保险的实施，可以促进多元共治的食品安全风险监管的实现。中国人寿保险（集团）公司原总裁杨超认为，食品安全责任强制保险制度是对政府食品安全监管体制的补充。食品安全责任强制保险不仅能在食品安全事故发生后及时补偿受害者，减轻政府财政压力，而且对提高企业的安全生产管理水平具有重要作用。我国应通过财政支持、税收优惠等方式，激发企业投保食品安全责任保险的积极性。

五、构建多元共治的食品安全责任强制保险的建议

在设置强制保险的过程中，人们不可能设计出一个所有国家同一标准的社会保障理想模式，必须更多地考虑一个国家的实际情况和它目前

---

① 游春，朱金海. 强制保险未来发展趋势及启示［J］. 中国保险，2009（2）：17-21.
② 郭峰，杨华柏，胡晓珂，等. 我国强制保险的立法现状［M］. 北京：人民法院出版社，2009.

以及不远的将来的变化。① 当前，大量企业涉及食品安全的责任，迅速增大且居高不下的食品安全风险促使我们积极探索分散风险、加强对受害人保障的相关法律制度建设。结合我国食品安全现状以及其他国家和地区的经验，我国食品安全责任强制保险的推行可以考虑从以下三个方面着手：

（一）规范立法依据

以现行法律为依据，为食品安全责任保险提供完善的法律依据。我国已经初步形成了一套法律、行政法规、地方性法规并列的多层次立法体系。关于"食品安全责任"，以《食品安全法》为依据，同时参考《产品质量法》的规定确定。关于"归责原则"，遵循严格责任原则，追究造成公众人身伤害的食品生产、加工、销售企业的民事法律赔偿责任。

（二）有步骤、分阶段推进食品安全强制保险

2015 年 1 月 21 日，国务院食品安全办、食品药品监督总局、中国保险监督管理委员会发布《关于开展食品安全责任保险试点工作的指导意见》，食品安全责任强制保险的试点在一些地方逐渐展开。根据实施方式不同，责任保险可以分为强制责任保险和自愿责任保险。强制责任保险又称法定责任保险；自愿责任保险又称任意责任保险。强制责任保险与自愿责任保险的本质区别在于当事人的意志是否受到限制。①对食品生产者。现阶段，由于我国食品企业普遍具有"多、小、散、乱"的特点，在所有食品企业全面推行强制保险不具有现实意义。从法律制度的实施效果来看，如果完全以自愿为原则，忽视强制原则，就会使责任保险难以发挥正常的价值功能，"企业出事，政府买单"的怪现象仍然无法得到改善。食品安全强制责任保险作为一种特殊的保险，是以公

---

① 霍尔斯特·杰格尔. 社会保险入门［M］. 刘翠霄，译. 北京：中国法制出版社，2000：3.

权力干涉和限制保险合同的结果。可以考虑在特殊企业，如涉及婴幼儿、儿童、老年人等特殊群体的食品、保健品以及药品等企业，以及除此之外的规模以上的企业实行强制原则，而在其他食品企业实行自愿原则，这种自愿性和强制性相结合的保险制度符合我国目前的发展状况。②对保险公司。可以"强制"经办有关责任保险的保险人接受政府的管制，不得拒绝保险客户属于有关业务范围的投保要求。

（三）完善与食品安全强制保险配套的法律制度

（1）完善食品市场准入制度。国家对食品市场的管理并非只有责任保险一种手段，也包括食品市场准入制度。食品市场准入制度的核心内容包括：对食品生产加工企业实行生产许可证管理，对食品出厂实行强制检验，实施食品生产市场准入标志管理。对目前不宜实施食品安全强制责任保险的规模以下企业，可以通过实施食品市场准入制度解决其食品安全问题。

（2）完善食品召回制度。食品召回制度从属于召回制度，是指食品的生产商、进口商或者经销商在获悉其生产、进口或经销的食品存在可能危害消费者健康、安全的缺陷时，依法向政府部门报告，及时通知消费者，并从市场和消费者手中收回问题产品，并采取更换、赔偿等积极的补救措施，以消除或降低缺陷产品危害的制度。缺陷食品召回制度是食品质量管理的重要内容。食品行业产品责任保险也是保障产品质量的一种手段。食品召回是事前的保障措施，产品责任保险是事后的补救措施，两个制度相互配合，共同保障食品安全。

（3）完善食品安全标准制度。食品安全标准是从事食品生产、经销和贮存，食品资源开发与利用，食品监督监测以及食品质量管理体系与合格评估认证必须遵守的行为准则，是规范市场秩序、实现食品安全监督管理的重要依据，是设置和打破国际技术性贸易壁垒的基准，也是食品行业持续健康发展的根本保证。产品责任保险中保险人对风险的判断、对保费的确定主要依据食品安全标准。当今科学技术突飞猛进，对"可能对人体健康造成的损害"的判定标准也要随之不断更新与完善。

第四节　多元共治下的食品安全公益诉讼

一、食品安全公益诉讼的法律框架

2021 年修改的《民事诉讼法》第五十五条规定："对污染环境、侵害众多消费者合法权益等损害社会公共利益的行为，法律规定的机关和有关组织可以向人民法院提起诉讼。人民检察院在履行职责中发现破坏生态环境和资源保护、食品药品安全领域侵害众多消费者合法权益等损害社会公共利益的行为，在没有前款规定的机关和组织或者前款规定的机关和组织不提起诉讼的情况下，可以向人民法院提起诉讼。前款规定的机关或者组织提起诉讼的，人民检察院可以支持起诉。"2014 年修订的《消费者权益保护法》第四十七条规定："对侵害众多消费者合法权益的行为，中国消费者协会以及在省、自治区、直辖市设立的消费者协会，可以向人民法院提起诉讼。"根据《最高人民法院关于适用〈中华人民共和国民事诉讼法〉的解释》第二百八十四条至第二百九十一条的规定，2020 年 11 部委在《关于在检察公益诉讼中加强协作配合 依法保障食品药品安全的意见》中为食品安全公益诉讼提供了基本的法律框架。2021 年 6 月 29 日，最高人民检察院颁布了《人民检察院公益诉讼办案规则》。

二、食品安全公益诉讼与食品安全社会共治

公益诉讼一般是指获得法律授权的国家机关、团体组织、选定个

人，在与自己没有直接关联的国家利益、社会利益或不特定多数人利益等公共利益，因为他人的不法侵害行为遭受损失时，可以在符合一定条件后作为原告向法院提起诉讼，要求侵权者承担法律责任以及赔偿损害后果。① 民事公益诉讼有广义说与狭义说之争。广义说认为，在国家利益和社会公共利益受到侵害时，任何组织和个人均可以自己的名义向法院提起诉讼，进行利益救济。② 狭义说则认为，公益诉讼仅指法定的起诉主体基于特定的公益损害，以诉讼方式进行公益救济。③

《民事诉讼法》第五十八条将"损害社会公共利益"作为民事公益诉讼的构成要件，而《消费者权益保护法》使用"侵害众多消费者合法权益"来表明诉讼要件。众多人的利益并不等于社会公共利益。在概念边界方面，"众多消费者合法权益"比"社会公共利益"更为广泛。

食品安全攸关公众健康，本身即是关涉公共利益的问题。食品安全公益诉讼突破了诉讼主体必须与所诉案件存在直接利益的限制性要求。对于侵害众多消费者合法权益、损害社会公共利益的食品安全行为，法律规定的机关和有关组织有权向人民法院提起诉讼。④

三、食品安全公益诉讼主体与食品安全风险共治主体

《民事诉讼法》规定，适格的起诉主体是"法律规定的机关和有关组织"，至于具体哪些机关和组织可以启动公益诉讼程序，立法并未进行说明。2013 年修订的《消费者权益保护法》赋予中国消费者协会以及省级以上消协组织提起消费民事公益诉讼的权利。《消费者权益保护法》第四十七条规定，对侵害众多消费者合法权益的行为，消费者协会

① 孙元明.论公益诉讼制度的法理基础与制度构建 [J].学术界，2012 (9)：176-183.
② 颜运秋，周晓明.公益诉讼制度比较研究 [J].法治研究，2011 (11)：54-61.
③ 张卫平.民事诉讼法 [M].北京：法律出版社，2019：360.
④ 韩永红.社会共治视域下的食品安全公益诉讼及其完善 [J].法治社会，2017 (3)：74-79.

可以向法院提起诉讼。2017 年 6 月，《民事诉讼法》再度修改，在原有的第五十五条（民事公益诉讼条款）之后增加一款，正式赋予检察机关公益诉讼起诉主体资格。该条款对检察机关提起消费公益诉讼的范围进行了限制，即消费领域公益诉讼只能局限在食品药品安全方面。第十二届全国人民代表大会常务委员会第十五次会议决定，授权最高人民检察院在生态环境和资源保护、国有土地使用权出让、国有资产保护、食品药品安全等领域开展公益诉讼试点。试点地区确定为北京、内蒙古、吉林、江苏、安徽、福建、山东、湖北、广东、贵州、云南、陕西、甘肃十三个省、自治区和直辖市。

从社会共治的视角来看，社会共治的基本要素之一即多主体共同治理。政府、企业、社会组织和消费者均是重要主体。2018 年修正的《食品安全法》为食品生产经营企业、消费者、食品行业协会、消费者协会和其他消费者组织、社会组织以及基层群众性自治组织概括性规定了权利和义务。由此，食品安全公益诉讼的诉讼主体已经涵盖政府、企业、社会组织、检察机关和消费者。

（一）消费者

我国立法和司法机构对于公民提起食品安全私益诉讼和环境公益诉讼已逐渐呈现宽容倾向。例如，2015 年 1 月 1 日生效的《环境保护法》和 2015 年 1 月 6 日发布的《最高人民法院关于审理环境民事公益案件适用法律若干问题的解释》，对提起环境公益诉讼的主体做了进一步明确——法律规定的机关、社会组织和个人均可向司法机关提起诉讼。《最高人民法院关于审理食品药品纠纷案件适用法律若干问题的规定》规定，"职业打假人"的身份不再是食品经营者的抗辩理由。该司法解释第三条规定："因食品、药品质量问题发生纠纷，购买者向生产者、销售者主张权利，生产者、销售者以购买者明知食品、药品存在质量问题而仍然购买为由进行抗辩的，人民法院不予支持。"自 2016 年 8 月 1

日起实施的《深圳市食品安全举报奖励办法》探索建立了"吹哨人制度"，鼓励业内人士举报危害食品安全的行业潜规则，最高奖励可达 60 万元。这些都为公民个人（消费者）成为食品安全公益诉讼原告奠定了可行性基础。

在实践中，随着公民维权意识和个体经济实力的增强，公民（消费者）提起公益诉讼的案例也在不断涌现。例如，兰州"4·11"苯污染事件。[①] 2014 年 4 月 10 日，兰州自来水供应公司（兰州威立雅水务公司）检测到市内供应的自来水存在苯超标的情况，随后官方对该消息予以确认。消息公布后，激起社会的恐慌情绪，造成市民大量抢购纯净水。2014 年 4 月 14 日，兰州 5 名市民向兰州市中院提起民事诉讼，请求法院判决兰州威立雅水务公司就此次事件向公众赔礼道歉，并向社会进行赔偿。兰州市中院以公民个人非民事公益诉讼适格主体为由拒绝受理此案。2014 年 4 月 15 日，5 名兰州市民又向兰州市城关区法院提起诉讼，请求法院对本人因水污染事件支出的纯净水购买费、误工费、体检费等损失进行赔偿，并要求被告在权威媒体向公众赔礼道歉。兰州市城关区法院同样拒绝立案。此后一段时间内，舆论一直呼吁消费者协会就此侵权案件提起民事公益诉讼，但最终并未取得消费者协会的积极回应。

（二）消费者协会

《消费者权益保护法》赋予中国消费者协会以及省级以上消协组织提起消费民事公益诉讼的权利。在实践中，中国消费者协会诉雷沃重工股份有限公司案是其提起的首个公益诉讼案件，也是全国首例以调解结案的消费民事公益诉讼案件。消费者协会提起的公益诉讼，保护了消费者权益和社会公共利益，能切实督促企业依法合规从事生产经营，有助

---

① 李娜．大规模侵权救济法律制度的构建：以"兰州 4·11 苯污染事件"为基础［D］．兰州：甘肃政法学院，2016：2-3.

于治理行业突出问题，增强消费者的安全消费意识。

（三）检察机关

在食品安全公益诉讼中，检察机关是千家万户"舌尖上的安全"的监督机关，是食品公益诉讼的主体（原告）。2018 年，全国检察机关统一开展"保障千家万户舌尖上的安全"专项监督活动，最高人民检察院专门制定下发了《关于开展"保障千家万户舌尖上的安全"检察公益诉讼专项监督活动的实施方案》，要求各检察机关将其列为工作重点，及时制定可行的方案。

在实践中，请看宁夏回族自治区中宁县校园周边食品安全公益诉讼案①。

中宁县某小学学生因购买校园周边小商店的食品引发中毒事件引起社会关切。中宁县人民检察院在履职中发现，全县 40 余所中、小学校附近有 60 家商店、小卖部，不同程度存在销售超保质期、无生产日期、来源不清的食品、饮料等问题，一些商店还存在未办理食品经营许可证以及部分商店经营者未办理健康证或健康证过期等情况。中宁县市场监督管理局对校园周边食品卫生安全依法具有监督管理责任。

通过实地检查、调查取证，中宁县检察院于 2018 年 6 月向中宁县市场监督管理局发出诉前检察建议，要求该局依法履行职责，加大校园及周边食品安全监督检查力度，杜绝不符合安全标准的食品出现在校园周围及全县其他地区，及时督促未办理食品经营许可证及健康证的经营者办理相关证照，对检察院发现的问题饮料查清后依法处理。

本案的办理有效督促了中宁县市场监督管理局对本县食品生产、零售、批发行业的日常监管。在检察机关的监督推动下，中宁县市场监管局对此次校园周边食品安全问题开展的专项整治，不仅注重规范食品经

---

① 最高检发布检察公益诉讼十大典型案例［EB/OL］.（2018-12-25）. https：//www. spp. gov. cn/spp/zdgz/201812/t20181225_ 403407. shtml? share_ token=71dbc623-ba20-44e2-85d7-35f234205dbd.

营单位和经营者的经营行为，还注重加强对从业者健康状况的监管、对线索问题的深入摸排打击，实现了全方位整治和净化，营造了安全、可靠的校园周边食品经营环境。

通过公益诉讼，检察机关及时回应社会关切，对青少年缺乏判断能力的校园周边食品安全问题开展有效监督，督促行政机关及时、全面依法履职，严防"三无"食品对青少年造成的健康威胁。检察机关发出诉前检察建议所指出的问题覆盖全面、线索明确清晰，对行政机关起到了很好的监督指导作用，最终取得了全面整改、全员整顿的良好成效，真正达到了"办理一案、警示一片、教育一面"的办案效果。

检察机关办理公益诉讼案件特别是行政公益诉讼案件，主要是起到撬动巨石的支点或者杠杆的作用，督促行政机关等主体更好地履行法定职责，激活现有公益保护机制，提升治理体系的全面性、系统性和治理效能。在实践中，我们应准确把握检察权的边界，既不"包打天下"，避免越位干扰行政机关正常履职，也不搞一团和气，要充分发挥监督督促作用，协助政府解决治理难题。①

（四）政府监管部门

学者们对政府监管部门作为食品安全公益诉讼主体有不同的观点。有学者主张，除检察院外，可以明确卫生、农业和食药监部门承担公益诉讼的职责。在行政机关用尽一切行政管理手段仍无法制止危害公共利益行为的情形下，可以提起食品安全公益诉讼。② 但也有学者指出，食品药品监管机构本身即可以根据法律授权、依靠行政手段保护公共利益，因而不必再赋予其食品安全公益诉讼主体资格。③

---

① 王新颖. 对标人民群众需要提升公益诉讼品质：专访最高人民检察院第八检察厅厅长胡卫列 [J]. 人民检察，2020（3）：49-50.
② 孙昊，张炜炜. 食品安全公益诉讼制度构建设想 [J]. 商业时代，2014（33）：121-122.
③ 黎智洪，林孝文. 论我国食品安全公益诉讼制度的建立 [J]. 食品工业科技，2013（18）：32-33.

在食品安全风险治理中，政府食品安全监管部门因其角色的特殊性，拥有法律的授权，可以依法使用检查、标准制定、行政处罚等权利对食品安全风险进行管控。但在食品安全风险监管中，也会出现履行职权不当、监管不力、损害公共利益的情形。随着互联网时代的到来，外卖、网络食品的出现给行政机关的监管增加了许多困难，也使行政监管举措无法有效实施。仅依靠政府部门的监管无法有效地保障食品安全，亟须调动食品生产者、消费者、社会组织、公民个人共同参与，营造食品安全工作的社会共治格局。作为社会共治中的重要主体，政府监管部门也应被赋予食品安全公益诉讼主体资格，但不是原告资格，而是被告资格。[①]

从以上的法律规定及实践可以看出，高效的食品安全风险监管离不开多元主体参与的食品安全公益诉讼。

四、多元共治下的食品安全公益诉讼的原则

（一）公共利益原则

公共利益原则是食品安全公益诉讼的首要原则，保护食品安全公共利益也是提起诉讼的重要依据和目的。从公益诉讼主体、诉讼目的和诉讼请求到法院的审理全过程，都需要遵循公共利益原则。

（二）社会共治原则

社会共治是指在食品安全治理中要调动社会方面的积极性，形成政府、监管部门、社会组织以及公民个人联动，共同参与食品安全风险治理。2018 年修正的《食品安全法》"总则"中明确规定了社会共治的原则。食品行业协会、消费者协会、监管部门、消费者、生产经营者共同

[①]　韩永红. 社会共治视域下的食品安全公益诉讼及其完善［J］. 法治社会，2017（3）：74-79.

协作从多方面多角度进行食品安全治理工作。食品安全风险共治的多元主体互相监督、互相弥补不足之处，共同为保障食品安全而努力。

食品安全问题是公益诉讼案件易发领域，也是检察机关提起公益诉讼的重点领域。公共利益的保护是系统工程，不能只靠检察机关"单打独斗"。检察机关应加强与行政机关、社会组织的协作联动，支持社会组织有序有效发挥保护公共利益的作用。最高人民检察院与九部委发布协作配合文件，建立信息共享等沟通协作机制。根据民事公益诉讼诉前公告的要求，食品公益诉讼集中在"正义网"发布公告，可以调动有关社会组织提起诉讼的积极性。将食品公益诉讼的案例故事化、可视化，深度报道公益诉讼检察职责、作用和成效，可以提高社会知晓度、认可度和参与度。鼓励公众通过12309中国检察网举报，实现多元共治的食品公益诉讼。2019年1月至11月，行政机关对检察建议的回复整改率高达97.7%，通过诉前程序实现了维护公益的司法最佳状态，形成了监管机关与检察机关治理食品风险的合力。检察机关与律师协会各专业委员会进行合作，支持律师行业发挥专业优势参与检察公益诉讼，为社会公众提供公益保护的法律服务。食品安全公益诉讼践行双赢、多赢、共赢理念。

参考文献

［1］曾祥华．食品安全法导论［M］．北京：法律出版社，2013．

［2］陈振明．公共管理学［M］．北京：中国人民大学出版社，2005．

［3］吴国盛．科学的历程［M］．2 版．北京：北京大学出版社，2002．

［4］李昌麒．经济法学［M］．北京：法律出版社，2008．

［5］徐孟洲．经济法原理与案例教程［M］．2 版．北京：中国人民大学出版社，2010．

［6］潘静成，刘文华．经济法［M］．北京：中国人民大学出版社，2006．

［7］漆多俊．经济法基础理论［M］．北京：法律出版社，2008．

［8］程信和．经济法与政府经济管理［M］．广州：广东高等教育出版社，2000．

［9］张守文．经济法原理［M］．北京：大学出版社，2013．

［10］穆华荣．食品分析［M］．北京：化学工业出版社，2009．

［11］夏文水．食品工艺学［M］．北京：中国轻工业出版社，2008．

［12］王向东．食品毒理学［M］．南京：东南大学出版社，2007．

［13］邓泽元．食品营养学［M］．南京：东南大学出版社，2007．

［14］应飞虎．信息、权利与交易安全：消费者保护研究［M］．北京：北京大学出版社，2008．

［15］杜菊，刘红．食品安全刑事保护研究［M］．北京：法律出版社，2012．

［16］王艳林，王兴运，齐虹丽．食品安全法律法规读本：食品企业指南［M］．北京：中国政法大学出版社，2012．

［17］徐立青，孟菲．中国食品安全研究报告［M］.北京：科学出版社，2012.

［18］刘亚平．走向监管国家：以食品安全为例［M］.北京：中央编译出版社，2011.

［19］王二朋．消费者食品安全风险感知与应对行为研究［M］.北京：经济管理出版社，2013.

［20］张亚军．风险社会下我国食品安全监管及刑法规制［M］.北京：中国人民公安大学出版社，2012.

［21］张志健．食品安全导论［M］.北京：化学工业出版社，2009.

［22］舒洪水，肖新喜，谭堃，等．食品安全有奖举报制度研究［M］.北京：中国政法大学出版社，2015.

［23］信春鹰．中华人民共和国食品安全法释义［M］.北京：法律出版社，2009.

［24］张晓涛，王扬．大国粮食问题：中国粮食政策演变与食品安全监管［M］.北京：经济管理出版社，2009.

［25］赵福江，罗承炳，孙明．食品安全法律保护热点问题研究［M］.北京：中国检察出版社，2012.

［26］杜波．我国食品安全教育法律制度研究［M］.北京：中国政法大学出版社，2013.

［27］江虹，吴松江．《国际食品法典》与食品安全公共治理［M］.北京：中国政法大学出版社，2015.

［28］王彩霞．地方政府扰动下的中国食品安全规制问题研究［M］.北京：经济科学出版社，2012.

［29］王硕．食品安全多元治理［M］.天津：南开大学出版社，2014.

［30］王硕，等．我国食品安全风险防控研究［M］.北京：经济科学出版社，2016.

［31］耿弘．政府社会性管制政策过程民主化研究：以食品安全管

制为例［M］. 北京：科学出版社，2014.

［32］谢康，肖静华，赖金天，等. 食品安全社会共治：困局与突破［M］. 北京：科学出版社，2017.

［33］姜明安. 行政法与行政诉讼法［M］. 北京：北京大学出版社，高等教育出版社，1999.

［34］张云. 我国食品召回应急法律机制研究［M］. 北京：法律出版社，2012.

［35］程景民，薛贝. 食品安全公共危机的舆论监督［M］. 北京：光明日报出版社，2013.

［36］尹世久，吴林海，王晓莉，等. 中国食品安全发展报告2016［M］. 北京大学出版社，2016.

［37］李光德. 经济转型期中国食品药品安全的社会性管制研究［M］. 北京：经济科学出版社，2008.

［38］陈君石，罗云波. 从农田到餐桌：食品安全的真相与误区［M］. 北京：北京出版社，2012.

［39］张涛. 食品安全法律规制研究［M］. 厦门：厦门大学出版社，2006.

［40］汪江连，彭飞荣. 食品安全法教程［M］. 厦门：厦门大学出版社，2011.

［41］张志健. 食品安全导论［M］. 北京：化学工业出版社，2009.

［42］王贵松. 日本食品安全法研究［M］. 北京：中国民主法制出版社，2009.

［43］刘华楠. 食品质量与安全管理［M］. 北京：中国轻工业出版社，2014.

［44］洪巍，吴林海，等. 中国食品安全网络舆情发展报告［M］. 北京：科学出版社，2014.

［45］金福海. 惩罚性赔偿制度研究［M］. 北京：法律出版

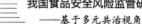
社，2008.

　　[46] 关淑芳．惩罚性赔偿制度研究［M］．北京：中国人民公安大学出版社，2008.

　　[47] 袁曙宏，张敬礼．百年 FDA：美国药品监管法律框架［M］．北京：中国医药科技出版社，2008.

　　[48] 章剑生．现行政法基本理论［M］．北京：法律出版社，2008.

　　[49] 魏益民，刘为军，潘家荣．中国食品安全控制研究［M］．北京：科学出版社，2008.

　　[50] 韩志明．行政责任的制度困境与制度创新［M］．北京：经济科学出版社，2008.

　　[51] 周应恒，等．现代食品安全与管理［M］．北京：经济管理出版社，2008.

　　[52] 马英娟．政府监管机构研究［M］．北京：北京大学出版社，2007.

　　[53] 井敏．建设服务型政府理论与实践［M］．北京：北京大学出版社，2006.

　　[54] 何显明，何建华．信用浙江：构筑区域发展新秩序［M］．杭州：浙江人民出版社，2006.

　　[55] 杨冬雪．风险社会与秩序重建［M］．北京：社会科学文献出版社，2006.

　　[56] 张国庆．行政管理学概论［M］．北京：北京大学出版社，2000.

　　[57] 韩轶．刑罚目的的构建与实现［M］．北京：中国人民公安大学出版社，2005.

　　[58] 宋怿．食品风险分析理论与实践［M］．北京：中国标准出版社，2005.

　　[59] 茅铭晨．政府管制法学原理［M］．上海：上海财经大学出版

社，2005.

［60］赵秉志．英美刑法［M］．北京：中国人民大学出版社，2004.

［61］李昌麒．寻求经济法真谛之路［M］．北京：法律出版社，2003.

［62］杨生，孙秀君．行政执法行为［M］．北京：中国法制出版社，2003.

［63］张明安．公司法上的利益平衡［M］．北京：北京大学出版社，2003.

［64］卢代富．企业社会责任的经济学与法学分析［M］．北京：法律出版社，2002.

［65］王俊豪．政府管制经济学导论［M］．北京：商务印书馆，2001.

［66］王泽鉴．侵权行为法（第1册）［M］．北京：中国政法大学出版社，2001.

［67］宫文祥．当行政遇上科学：从风险评估谈起：以美国法为例［J］．月旦法学杂志，2008（2）：91.

［68］王利明．关于完善我国缺陷产品召回制度的若干问题［J］．法学家，2008（2）：69-76.

［69］王仕平，杜波，张睿梅．对我国食品安全教育的探讨［J］．中国食物与营养，2010（3）：17-20.

［70］钟瑞华．从绝对权利到风险管理：美国的德莱尼条款之争及其启示［J］．中外法学，2009（4）：574-588.

［71］彭飞荣．食品安全风险评估中专家治理模式的重构［J］．甘肃政法学院学报，2009（6）：6-10.

［72］李响．我国食品安全法"十倍赔偿"规定之批判与完善［J］．法商研究，2009（6）：42-49.

[73] 张劲，蒋小平．当前卫生监督机构面临的困境和对策 [J]．中国卫生监督杂志，2005 (3)：231-233.

[74] 许明月．市场、政府与经济法：对经济法几个流行观点的质疑与反思 [J]．中国法学，2004 (6)：108-115.

[75] 郑广怀．消费者对公司社会责任的反应 [J]．社会学研究，2004 (4)：98-106.

[76] 陈潭．集体行动的困境：理论阐释与实证分析 [J]．中国软科学，2003 (9)：139-144.

[77] 张守文．经济法责任理论之拓补 [J]．中国法学，2003 (4)：11-22.

[78] 刘松山．论政府诚信 [J]．中国法学，2003 (3)：32-38.

[79] 单飞跃，刘思萱．经济法安全理念的解析 [J]．现代法学，2003 (1)：55-60.

[80] 李昌麒，岳彩申，叶明．论民法、行政法、经济法的互动机制 [J]．法学，2001 (5)：50-56.

[81] 谢增毅．经济法和行政法的角色分工和互动作用 [J]．中国社会科学院研究生院学报，2001 (4)：47-57，111.

[82] 卢代富．国外企业社会责任界说述评 [J]．现代法学，2001 (3)：137-144.

[83] 王利明．惩罚性赔偿研究 [J]．中国社会科学，2000 (4)：112-122.

[84] 张骐．论当代中国法律责任的目的、功能与归责的基本原则 [J]．中外法学，1999 (6)：28-34.

[85] 李东方．近代法律体系的局限性与经济法的生成 [J]．现代法学，1999 (4)：15-18.

[86] 梁慧星．论专家的民事责任及其理论架构的建议 [J]．外国法译评，1996 (2)：22-29.

［87］何庭洁．消费者权利的法律属性分析［J］．湖南行政学院学报，2009（3）：95-97.

［88］刘水林．论民法的惩罚性赔偿与经济法的激励性报偿［J］．上海财经大学学报，2009（4）：3-10.

［89］曾娜．我国食品安全风险评估机制的问题探析［J］．昆明学院学报，2010（5）：82-85.

［90］付文佚，王长林．转基因食品标识的核心法律概念解析［J］．法学杂志，2010（11）：113-115.

［91］杨立新．《消费者权益保护法》规定惩罚性赔偿责任的成功与不足及完善措施［J］．清华法学，2010（4）：7-26.

［92］周江洪．惩罚性赔偿责任的竞合及其适用：《侵权责任法》第47条与《食品安全法》第96条第2款之适用关系［J］．法学，2010（4）：108-115.

［93］赵学刚，赵成．食品经营者安全义务的历史嬗变与我国相关立法完善［J］．西南民族大学学报（人文社会科学版），2012（4）：84-88.

［94］邓刚宏．构建食品安全社会共治模式的法治逻辑与路径［J］．南京社会科学，2015（2）：97-102.

［95］王宇红，韩文蕾．论转基因食品消费者知情权保障制度的完善［J］．西北工业大学学报（社会科学版），2010，30（1）：9-13.

［96］郝丽峰，柴树峰．完善食品质量安全市场准入制度的思考［J］．中国食物与营养，2010（1）：14-17.

［97］戚建钢．向权力说真相：食品安全风险规制中的信息工具之运用［J］．江淮论坛，2011（5）：115-124.

［98］李友根．论产品召回制度的法律责任属性：兼论预防性法律责任的生成［J］．法商研究，2011（6）：33-43.

［99］冯文煦．澳大利亚与新西兰对新食品的管理概述［J］．中国卫生监督杂志，2011，18（1）：27-31.

［100］徐海燕．《食品安全法》中的新型民事责任［J］．法学论坛，2009，24（3）：11-18.

［101］艾尔肯，张榆．论《食品安全法》中的惩罚性赔偿制度：兼评《食品安全法》第96条［J］．辽宁师范大学学报（社会科学版），2011，34（5）：23-27.

［102］闫琼．我国食品安全政策的发展历程及其完善［J］．郑州航空工业管理学院学报（社会科学版），2012，31（2）：87-90.

［103］杨小敏，戚建钢．欧盟食品安全风险评估制度的基本原则之评析［J］．北京行政学院学报，2012（3）：5-11.

［104］李秋高．论风险管理法律制度的构建：以预防原则为考察中心［J］．政治与法律，2012（3）：72-78.

［105］黄崇福．从应急管理到风险管理若干问题的探讨［J］．行政管理改革，2012（5）：72-75.

［106］王成．《食品安全法》十倍赔偿条款司法适用的实证考察［J］．北京行政学院学报，2012（5）：14-18.

［107］李光东．论经济法的法域属性［J］．知识经济，2012（9）：35-36.

［108］王忠亮．食品安全监管体制的国际比较及其启示［J］．上海经济研究，2012（12）：19-25.

［109］吴林海，王淑娴，徐玲玲．追溯食品市场消费需求研究：以追溯猪肉为例［J］．公共管理学报，2013，10（3）：119-128.

［110］张静露．我国食品安全政府监管制度衔接研究［J］．黑龙江省政法管理干部学院学报，2013（3）：28-31.

［111］付玉明．论我国食品安全监管机制的若干法律问题［J］．山东社会科学，2013（10）：137-143.

［112］高圣平．食品安全惩罚性赔偿制度的立法宗旨与规则设计［J］．法学家，2013（6）：55-61.

［113］邢会强．美国惩罚性赔偿制度对完善我国市场监管法的借鉴

［J］．法学，2013（10）：44-50．

　　［114］杨立新．我国消费者保护惩罚性赔偿的新发展［J］．法学家，2014（2）：78-90．

　　［115］朱广新．惩罚性赔偿制度的演进与适用［J］．中国社会科学，2014（3）：104-124．

　　［116］王毓莹．食品药品民事纠纷案件审理中的重点与难点问题［J］．法律适用，2014（3）：43-47．

　　［117］陈玲，黄晨．食品安全惩罚性赔偿责任竞合的选择适用［J］．人民司法，2014（8）：19-22．

　　［118］陈承堂．论"损失"在惩罚性赔偿责任构成中的地位［J］．法学，2014（9）：141-153．

　　［119］韩永红．社会共治视域下的食品安全公益诉讼及其完善［J］．法治社会．2017（3）：74-79．

　　［120］王洪涛．基于内容分析法的食品安全法律法规及相关政策研究［J］．行政与法，2020（8）：19-27．

　　［121］安永康．作为风险规制工具的行政执法信息公开：以食品安全领域为例［J］．南大法学，2020（3）：129-146．

　　［122］孙娟娟．从规制合规迈向合作规制：以食品安全规制为例［J］．行政法学研究（文摘），2020（2）：123-133．

　　［123］卢玮．我国食品安全责任保险制度的困境与重构［J］．华东政法大学学报，2019（6）：123-136．

　　［124］高凛．我国食品安全社会共治的困境与对策［J］．法学论坛，2019，34（5）：96-104．

　　［125］段礼乐，高建成．规制视野下食品安全公益诉讼的主体资格扩张［J］．法治社会，2019（4）：92-101．

　　［126］李巍．食品安全治理对策探究［J］．行政与法，2019（2）：17-23．

重要术语索引